Heinz-Dietrich Hubatsch

GANZ NAH DRAN

Mit der Kamera auf der Pirsch im Wald, Moor und Wolfsrevier

Leopold Stocker Verlag
Graz – Stuttgart

Umschlaggestaltung: Werbeagentur Rypka GmbH, 8143 Dobl/Graz, www.rypka.at

Umschlagbild: Heinz-Dietrich Hubatsch
Bildnachweis: Alle Fotos stammen dankenswerterweise vom Autor (ausgenommen gekennzeichnete Bilder).

Bibliografische Information der Deutschen Nationalbibliothek
Die Deutsche Nationalbibliothek verzeichnet diese Publikation in der Deutschen Nationalbibliografie; detaillierte bibliografische Daten sind im Internet unter http://dnb.d-nb.de abrufbar.

Hinweis: Dieses Buch wurde auf chlorfrei gebleichtem Papier gedruckt. Die zum Schutz vor Verschmutzung verwendete Einschweißfolie ist aus Polyethylen chlor- und schwefelfrei hergestellt. Diese umweltfreundliche Folie verhält sich grundwasserneutral, ist voll recyclingfähig und verbrennt in Müllverbrennungsanlagen völlig ungiftig.

Auf Wunsch senden wir Ihnen gerne kostenlos unser Verlagsverzeichnis zu:
Leopold Stocker Verlag GmbH
Hofgasse 5 / Postfach 438
A-8011 Graz
Tel.: +43 (0)316/82 16 36
Fax: +43 (0)316/83 56 12
E-Mail: stocker-verlag@stocker-verlag.com
www.stocker-verlag.com

ISBN 978-3-7020-1698-2

Layout und Repro: Werbeagentur Rypka GmbH, 8143 Dobl/Graz
Gesamtherstellung: Gorenjski tisk, Kranj, Slowenien

LITERATUR

Briedermann, L., 1986 : Schwarzwild, VEB Deutscher Landwirtschaftverlag Berlin
Bützler, W., 1991: Rotwild, BLV Verlagsgesellschaft, München; Wien; Zürich
Drechsler, H., 1988: Altersentwicklung und Altersansprache beim Rotwild, Verlag Paul Parey, Hamburg und Berlin
Hessler,B., 2015: Nikon D7200 Das Buch zur Kamera, by Point of Sale Verlag
Schulte, W., 2011: Hirschjagd Teil 2, Verlag J. Neumann-Neudamm AG, Melsungen
Stubbe, Ch. und Passarge, H., 1980 : Rehwild, VEB Deutscher Landwirtschaftsverlag Berlin
Wagenknecht, E., 1981: Rotwild, VEB Deutscher Landwirtschaftsverlag Berlin

INHALT

WENIG LICHT UND VIELE SCHATTEN

Ganz nah dran beschreibt einen Zustand. Ganz nah dran am Wild wollte ich immer sein. Die Geschehnisse draußen in der Natur, in Wald und Feld zu verfolgen ist für mich faszinierendes Erleben, Entdeckerfreude und Abenteuer. Das bedeutet nicht nur, das wildlebende Gegenüber für einen Moment und Augenblick zu überlisten und formatfüllend mit der Kamera abzulichten, sondern es möglichst über längere Zeit zu begleiten. Die Begegnung mit dem Wildtier in unserer Kulturlandschaft offenbart uns beim intensiven und kontinuierlichen Beobachten viel Interessantes zu seinem Verhaltensrepertoire, zu seiner individuellen Entwicklung und Veranlagung. Sie erschöpft sich für mich deshalb nicht im Schaffen eines bloßen Abbilds. Das gelungene Foto gehört natürlich dazu. Und mehr noch, es ist unerlässlich, um glaubhafter Botschafter des Anliegens zu sein, das man vermitteln will.

Unverzichtbar sind in diesem Zusammenhang auch Motive, die das Wild nicht dominant im Vordergrund zeigen, sondern eingebettet in seinen Lebensraum, als Teil des Biotops. Solche Bilder können Ausstrahlung und Charisma haben, wenn alles passt – Umgebung, Licht und vieles mehr. Aber, und das ist die Regel, Nahaufnahmen von Wildtieren wirken meistens beeindruckender, fesseln den Betrachter auf besondere Weise und sind in den Printmedien bei weitem gefragter. Und die wissen, was die Leute wollen. Sicher, sie bilden auch einen Schritt weit Meinung, doch sie produzieren nur in seltenen Fällen am „Volk" vorbei. Das sollte man berücksichtigen, ohne sich zu verbiegen und die Ziele seines Tuns aufzugeben, wenn man sich diesem fotografischen Genre verschreibt. Das Wild nah abzulichten heißt jedoch nicht, dabei das Risiko entdeckt zu werden billigend in Kauf zu nehmen. Das widerspräche allen Grundsätzen ernsthafter tierfotografischer Arbeit. So nah wie möglich heißt da auch so fern wie nötig.

Wenn man sich die verschiedenen Zeitschriften anschaut, die sich dem Thema Tier- und Wildfotografie mehr

Bei hohem Jagddruck ist das Schwarzwild nur selten tagsüber zu beobachten.

oder weniger widmen (und sei es nur als Garnierung des eigentlichen Anliegens), dann stellt man fest, dass großformatige Abbildungen absolut dominieren. Das geht sogar so weit – und da denke ich im Besonderen an die Jagdzeitschriften –, dass vielfach in Ermanglung von Wildlife-Nahbildern auf Gatter- und Parkwildfotos zurückgegriffen wird. Nicht immer sind sie als solche zu erkennen. Man könnte meinen, gerade bei den Rothirschfotos ist das besonders schwierig, da es genügend Großgatter und Jagdparks für das Rotwild gibt, die eine üppige Naturausstattung besitzen. Die Enttarnung ist für den Eingeweihten jedoch oftmals unproblematisch. Es sind unter anderem die Geweihe der Hirsche, die mit ihrer kapitalen Stärke prahlen, die wir in unseren Gefilden wohl nur in absoluten Ausnahmefällen finden. Deren Ausformung und Konstrukt wiederholt sich allzu oft, sodass es stutzig macht. Prachtvolle Bilder, die das Wild fast bodeneben fotografiert ins Objektiv äugend zeigen, sind ähnlich suspekt, zumindest dann, wenn es eine Fülle davon gibt. Wer draußen in der Wildbahn versucht hat, die Tiere aus dieser „Mäuseperspektive" aufzunehmen, der weiß, wovon ich spreche. Irgendetwas ist fast immer im Weg – und seien es nur ein paar Grashalme. Aber selbst der Lebensraum, in den das Wild wie in ein Gemälde hineingestellt wirkt, wird manchmal zum Verräter. Mächtige Buchenstämme oder eine herrlich blühende Heide umrahmen die Hauptakteure auf den Fotos und sind ein Indiz dafür, dass es sich bei den Revieren um die weitläufig eingefriedeten Gebiete von Jægersborg Dyrehave, zu deutsch Jægersborg Hirschpark, im Norden von Kopenhagen oder um den ältesten Nationalpark Hollands, Veluwezoom, handelt. Dort stehen die Fotografen in großen Gruppen an den Erfolg versprechenden Stellen und „klicken" was das Zeug hält. Das ist keineswegs verwerflich. Aber es wäre besser, das ist meine Meinung, wenn dem Betrachter solcher Fotos nicht das Feeling der freien Wildbahn vorgegaukelt würde. Ein Hinweis auf die Bildherkunft scheint da angemessen.

Alle Aufnahmen des vorliegenden Buches sind in der freien Wildbahn entstanden. Viele Naturfreunde, die dem gleichen Hobby nachgehen wie ich, haben allerdings gar nicht die Chance, vor allem nicht dauerhaft, in Revieren beobachten zu können, die fernab der urbanen Lebensräume ungezäunt noch Wildbestände bieten, die eine erfolgreiche Fotoarbeit möglich machen. Eine hohe Wilddichte und Wild, das seinen Lebensrhythmus ungestört oder fast störungsfrei einen Großteil im Jahreslauf verwirklichen kann, suchen wir heute in den meisten Gebieten Deutschlands vergeblich. Ich hatte das Glück, in solchen Revieren pirschen zu dürfen. In meinem Buch „Auf der Fährte der Hirsche", erschienen im Leopold Stocker Verlag im Juli 2014, spiegelt sich diese privilegierte Situation wider. Darin habe ich einige Rothirsche, die ich jahrelang fotografisch begleitete, vorgestellt. Geboren wurden sie in der freien Wildbahn, in den großen Forsten der Rochauer Heide im Süden Brandenburgs und in den ausgedehnten Wäldern an der Küste Mecklenburg-Vorpommerns um die Jahrtausendwende.

Handlungsorte in diesem Buch sind wieder die beiden großen Waldgebiete. Und im Mittelpunkt stehen erneut die Rothirsche, deren Dasein ich mit meinen Mitteln nachzeichne. Sie teilen sich ihre Heimatgebiete unter anderem mit den Sauen, dem Rehwild und dem Kosmopoliten Reineke Fuchs. Viele interessante Begegnungen mit den drei Wildarten habe ich erlebt und fotografiert. Dem Leser möchte ich sie nicht gänzlich vorenthalten und verweile deshalb auf einigen Seiten beim „Hirsch des kleinen Mannes", bei den „Schwarzen" und bei den „roten Freibeutern". Ich vergesse auch nicht, die Schönheit der Naturräume zu schildern und – da wo Platz ist – in Bildern zu zeigen. Wenn ich das Wild in seiner Großartigkeit präsentiere, so kann ich nicht verhehlen, dass es im Gegensatz zu früheren Jahren in der Rochauer Heide vielerorts nur schwer möglich ist, kontinuierlich Tierbeobachtungen durchzuführen. Die Heide ist Wolfsgebiet, und das Wild nutzt die verschiedenen Lebensräume in Wald und Feld nur noch unstet. Es passt sich der neuen Situation an. Deshalb sind in diesem Band vorwiegend neuere Langzeitbeobachtungen von Rothirschen aus dem Küstenraum zu finden. In den Lausitzer Revieren ist das Begleiten einzelner Hirsche kaum noch über einen größeren Zeitraum zu realisieren. Stück für Stück bröckelt das einstige Idyll. Ein Idyll, selbstverständlich aus meinem Blickwinkel, da es ganz und gar meine Leidenschaft beförderte und befördert. Aber die Betrachtungsweisen sind unterschiedlich, und meine Meinung geht nur wenig konform mit den Ansichten vieler Land- und Forstwirte, deren Interessenlage naturgemäß eine ganz andere ist.

Es gibt neue waldbauliche Strategien und andere Szenarien, die das einst Gewesene nicht nur infrage stellen, sondern längst revidiert haben. Handlungsgrundsatz in der Waldbewirtschaftung in Brandenburg und ebenso in

Im Wolfsgebiet wechselt das Rotwild häufig seine Einstände.

Auf ihren Beutezügen legen die Wölfe viele Kilometer zurück.

| Kiefernwald in der Rochauer Heide, Land Brandenburg

Mecklenburg-Vorpommern ist die Abkehr vom schlagweisen Hochwald. Nach dem Überstülpen des politischen Systems der Bundesrepublik Deutschland auf das Gebiet der ehemaligen DDR galten bereits Richtlinien, die nur noch Ernteflächen bis zu drei Hektar Größe gestatteten. Mit schachbrettartigen Mustern beim Holzeinschlag versuchten Waldbesitzer, diese Beschränkung zu umgehen – erfolgreich. Solche hässlichen Hinterlassenschaften skrupellosen Profitstrebens finden wir heute vielerorts, und selbst gegenwärtig wird davon ab und zu Gebrauch gemacht. Das neue Waldbaukonzept, als ökologische Waldbewirtschaftung bezeichnet, favorisiert die kahlschlagfreie Bewirtschaftung. Höchstens kleinflächige Holzungen sind zugelassen, die mit geeigneten Verjüngungsverfahren, wenn möglich durch natürliche Sukzession, wieder bestockt werden sollen. Die erheblichen Vergrößerungen der Anteile an Laub- und Mischwald, besonders in Brandenburg, ist ein weiteres Ziel der neuen Waldpolitik. Die „extrem naturferne Dominanz der Gemeinen Kiefer", so der Fachjargon, ist dadurch langfristig abzubauen. Das klingt alles logisch und dient zweifelsohne der so wichtigen Erhöhung der Vitalität unserer Wälder. Langfristig wandeln sich die jetzt noch vorhandenen Forstplantagen, wo die Bäume in Reih und Glied stehen, wieder in „Natur"-Wälder, mit bevorzugt standortgerechten Baumarten. Dazu braucht es Zeit, viel Zeit. Vorrang hat dabei die Ökonomie. Mit geringsten Kosten soll ein maximaler Ertrag realisiert werden. Daraus ergeben sich Konsequenzen, die auch klar von der Forstwirtschaft formuliert sind. Die Waldbau-Richtlinie 2004 der Landesforstverwaltung Brandenburg legt im Punkt 10.1.7 – Waldverträgliche Wilddichten – unmissverständlich fest:

„Die Wilddichte ist an ökologischen Weisern (Verbissgutachten und Kontrollzaunverfahren) auszurichten. Die Hauptbaumarten eines Reviers müssen sich ohne Schutzmaßnahmen verjüngen lassen. Die Wildbestände sind dementsprechend anzupassen." Neudeutsch nennt man das auch „landeskulturell angepasste Schalenwildbestände".

Mit Landeskultur hat das allerdings wenig zu tun. Für die Forstbeamten ist der angeblich enorme Verbissdruck durch das Schalenwild, insbesondere durch das Reh- und Rotwild, nicht hinnehmbar. Er verhindert die angestrebte gemischte, artenreiche Naturverjüngung. Sie durch Zäune zu schützen kommt nicht in Frage, weil das viel zu teuer wäre. Also bleibt nur die Alternative des rigorosen Zusammenschießens von Reh- und Rotwild. Da man sich vom Wahlabschuss längst verabschiedet hat, bieten Treib- und Drückjagden die Chance, in kurzen Zeiträumen hohe Strecken zu machen. Mit beängstigender Häufigkeit wurde das in den letzten Jahren gehandhabt.

Inzwischen muss man davon ausgehen, dass der Rotwildbestand in der Rochauer Heide in den letzten 10 Jahren mehr als halbiert worden ist. Der Landeswald ist eher rotwildfrei. Rückzugsgebiete für das Wild gibt es vor allem in den Privatwäldern, die von Jagdpächtern betreut werden, und in den großen Eigenjagden. Das sind auch meine Pirschbereiche. Behauptungen, dass die in der Rochauer Heide lebenden Wölfe wesentlich zur Bestandssenkung beigetragen haben, kann ich nicht unterstützen. Das wird in Zukunft sicher so sein. Zur Problematik des Rückkehrers komme ich auf den nächsten Seiten. Nur so viel: Der spürbar erhöhte Prädatorendruck besteht erst seit dem Jahr 2012 und hat innerhalb von drei Jahren zum Verschwinden der einst zahlreichen Mufflons geführt. Das Mufflon ist die erste Schalenwildart, die dem Wolf zum Opfer fällt. Das Rotwild und vor allem dessen Nachwuchs ist infolge seiner großen Anpassungsfähigkeit für die grauen Räuber keine einfache Beute und somit erst mit der Verknappung leichter zu erlangender Nahrung im Fokus.

In den Küstenwäldern, speziell in der Rostocker Heide, haben wir ähnliche Entwicklungen zu verzeichnen. Allerdings ohne jeden Einfluss des Wolfes. Die 6000 Hektar Landeswald erfahren eine intensive Bejagung – mit dem Ziel, den Bestand des Rotwildes auf 1 Stück pro 100 Hektar abzusenken. Davon ist man bereits im Jahr 2015 in großen Gebieten nicht mehr weit entfernt gewesen. Viele Brunftplätze sind schon verwaist. Zum Glück gibt es in den Küstenwäldern auch solvente Jagdpächter, die einen solchen Kehraus nicht mittragen. Im Kapitel „Herdentiere ohne Herden" äußere ich mich detaillierter zu diesem Thema.

Während in der Rochauer Heide die Anwesenheit des Wolfes das Wildverhalten grundlegend ändert und damit den Bilderfolg für mich ungleich schwieriger macht, ist es

Buchenbestand an der Ostseeküste in Mecklenburg-Vorpommern

Wolfsgebiet

im Küstenwald eher die ausgedünnte Wilddichte, die Probleme bereitet. Man muss die wenigen frequentierten Wildeinstände genau kennen, um in deren Nähe noch Anblick zu bekommen. Diese neue und aus meiner Sicht unschöne Situation bedeutet, das Pirschverhalten anzupassen. Die um ein Vielfaches erhöhte Sensibilität des Wildes im Gebiet der Rochauer Heide, bedingt durch die Präsenz des Wolfes, verlangt auch nach Veränderungen bei der fototechnische Ausrüstung. Lange Brennweiten sind bei der Arbeit am Schalenwild Pflicht, die längsten noch tragbaren für mich seit 2014 ein Muss. Der japanische Hersteller Tamron brachte in eben diesem Jahr ein Tele-Zoomobjektiv heraus, dessen flexible Brennweite von 150 mm bis 600 mm genau den Anforderungen entspricht. Es wiegt nur knapp zwei Kilogramm, sodass ich damit in der Lage bin, stundenlang zu pirschen und ohne Stativ zu fotografieren. Die herkömmlichen großen Festbrennweiten hingegen, die eine ausgezeichnete Bildauflösung und hohe Lichtstärke besitzen, benötigen in der Regel aufgrund ihres Gewichtes solche Hilfsmittel. Nicht wenige Reviere, besonders in der Rochauer Heide, haben engmaschige Wegenetze, die inzwischen gut ausgebaut wurden. Große Flächen der Wälder sind zudem stark ausgelichtet und gestatten weite Sicht. Dieser Schwund an Deckungsmöglichkeiten und die stetig steigende Frequenz des motorisierten Verkehrs aufgrund forstlicher Arbeiten und jagdlicher Tätigkeit bis in die abgelegensten Ecken der Reviere sind dem Lebensrhythmus des Wildes, das vor allem Ruhe braucht, nicht zuträglich. Seine daraus resultierende erhöhte Vorsicht und die inzwischen häufig auftretenden kopfstarken Panikrudel mit ihren vielen Sehern, machen es deshalb zwingend erforderlich, alle sich bietenden technischen Möglichkeiten zu nutzen. Meiner fotografischen Tätigkeit in den Wäldern der Rostocker Heide kommt das ebenfalls zugute. Obwohl ich als Waldläufertyp wenig ansitze, gibt es in den unwegsamen Mooren in Küstennähe nur diese Option. Abgesehen von der Unpassierbarkeit vieler Bereiche bieten die erhöhten Standorte auf Kanzeln und Leitern überhaupt erst den erforderlichen Überblick. Die enorme Brennweite des Tele-Zooms überbrückt die Distanz zu den manchmal weit entfernten Tieren und bildet sie groß genug ab. Damit wird mein Wunsch und mein Prinzip, „ganz nah dran" zu sein, auch unter diesen Bedingungen zur Wirklichkeit.

Im Kapitel „Paradies auf Zeit" erzähle ich ein wenig mehr von meiner Fotoausrüstung, mit der ja letztendlich fast alle Bilder entstanden sind, die dieses Buch präsentiert.

Ich kann mich noch gut an die Euphorie und an das mediale Geschrei erinnern, als um die Jahrtausendwende in der Oberlausitz eine aus Polen eingewanderte Wölfin ihren ersten Nachwuchs auf deutschem Boden seit Menschengedenken gebar. Welch eine Begeisterung schwappte da durch Rundfunk und Fernsehen und den papierenen Blätterwald. Drohend wurde der Zeigefinger gegen all die erhoben, die es wagten Bedenken zu äußern, ob der Wolf denn noch in unsere dicht besiedelte Kulturlandschaft gehöre oder sein Dasein lieber in den unberührten Weiten des europäischen Ostens und anderswo fristen solle. Auch die Forderungen, die Wiedereinbürgerung des großen Raubtiers mit Augenmaß zu steuern und zu kontrollieren, fanden kein Gehör, wurden hinweggefegt, abgetan als verstaubt, naturfern und engstirnig. Den ausgerufenen Totalschutz des Wolfes galt es zu manifestieren. Ein spezielles Büro für den Rückkehrer und sogenannte Wolfsberater nahmen ihre Arbeit auf, und gebetsmühlenartig folgten nimmermüde die Belehrungen über die Friedfertigkeit dieser sozial organisierten Tiere und ihren unbedingt positiven Einfluss auf unsere heimische Tierwelt. Als ich meine Zweifel an diesen ständig proklamierten, rosaroten Einschätzungen und Perspektiven in einem Beitrag für eine große Jagdzeitschrift im Jahr 2005 niederschrieb, sagte mir der zuständige Chefredakteur unmissverständlich, aber freundlich, dass er meine Schreibe nicht veröffentlichen könne. Er habe vor, auch weiterhin als Chefredakteur tätig zu sein. Im Falle des Druckes dieses Schriftsatzes sei er sich da nicht mehr so sicher. Daran lässt sich ermessen, wie gravierend nicht nur die öffentliche Meinung manipuliert war, sondern wie auch hinter den Kulissen die längst beschlossene Sache der ungehinderten und flächendeckenden Wiedereinbürgerung dieses Raubtieres restriktiv verfolgt wurde. Wolfsabschüsse, die vorkamen, versehentlich oder ganz bewusst, stilisierte man zum Mord hoch. In der Strafandrohung und Bestrafung solcher Fälle überbot man sich, sprengte alle bekannten Normen. Erst im Jahr 2008 entschloss sich die Redaktion der Jagdzeitschrift, den von mir verfassten Beitrag, der meine ganz persönliche Ansicht zum Wolf und zu dem, was man mit ihm vorhatte, wiedergab, zu veröffentlichen.

Das Projekt „Willkommen Wolf" wurde 2005 ins Leben gerufen und kreierte die kompromisslose, keinen Widerspruch duldende Willkommenskultur für die „Grauhunde". Wolfsrüde auf einem Kahlschlag in der Kiefernheide des Rochauer Forstes.

Es las sich etwas moderater als im Urbeleg, aber immer noch so fernab von der aufdiktierten, offiziellen staatsbürgerlichen Ansicht, dass allmonatlich ein halbes Jahr lang in der Zeitschrift darüber diskutiert wurde.

Inzwischen gab es natürlich nicht nur Friede-Freude-Eierkuchen-Erlebnisse mit den sich immer weiter ausbreitenden Wölfen, sondern auch Negatives. Sinkende Wilddichte, schwindender Anblick, umhergeisternde Panikrudel von Rotwild und Großrotten von Schwarzwild, die sich als Zweckgemeinschaft zum Schutz vor dem Wolf zusammenschlossen, fanden kaum Erwähnung. Da hielt sich die Jägerschaft zurück und dabei ganz besonders die Funktionäre der Landesjagdverbände. Die wurden nicht müde, ihre Freude über die Rückkehr des grauen Räubers kundzutun, erklärten vollmundig die Bereitschaft zur Teilhabe am Wolfsmonitoring, was das in der Praxis auch immer sein mochte. Es war wohl eher die Führung der gewissenhaften Statistik über die Wildrisse von *Canis lupus* und die allmähliche Ausdünnung der Wildtierpopulationen bis hin zu deren Liquidierung. Zumindest beim Muffelwild ist das in einigen Gebieten bereits vollzogen.

Die Landbevölkerung, vor allem die, die sich mit der Tierhaltung befasste, tat ihren Unmut da schon nachdrücklicher kund. Ganz im Gegensatz zu den Verlautbarungen der Wolfsschützer, dass die grauen Räuber den Nahrungserwerb für die Allgemeinheit kaum spürbar bewerkstelligen würden, machten sie ganz ungeniert Beute auf die bequeme Art. Sie suchten sich den Weg des geringsten Widerstandes. Schafe und Ziegen, Gatterwild und alles was sie greifen konnten kam da gerade recht.

Seit dem Vorkommen von territorialen Wölfen in Brandenburg, dieser Zeitpunkt wird dem Jahr 2007 zugeschrieben, sind landesweit bis 2015 über 150 Schadensfälle an Nutztieren gemeldet worden, wo Wölfe als Verursacher ermittelt oder zumindest als Verursacher nicht ausgeschlossen werden konnten. 50 bis 60 Schafe töteten die Einwanderer im Schnitt pro Jahr. 2015 fanden Landwirte erstmals Kadaver von Fohlen und Kälbern, deren Verletzungen auf

Rehe sind bevorzugte Beutetiere für die Wölfe.

Wolfsangriffe hindeuteten. Im Propaganda-Jargon des Naturschutzbundes (NABU) klang das dann so: „Einzelne Übergriffe von Wölfen auf Schafe zeigen, dass die Wiederansiedlung im Land nicht ohne Konflikte verläuft. Nutztierhalter müssen besondere Maßnahmen zum Schutz ihrer Tiere ergreifen, um Übergriffe zu verhindern." Also bitte schön, liebe Landwirte, ihr seid doch selbst schuld, wenn die Wölfe eure Schafe reißen. Sorgt gefälligst für deren Sicherheit.

Das Projekt „Willkommen Wolf" gaukelt den Bürgern edle Absichten vor, verfolgt aber wirtschaftliche Interessen, verbrämt und verwässert, kaum erkennbar für die Allgemeinheit. Ein Propagandafeldzug und eine Strategie, die konkrete Ziele haben: Es geht um die Ausdünnung des Schalenwildes oder dessen gänzliche Vernichtung.

Eine sichere Heimstatt, damit die letzten seiner Art gerettet werden, muss man dem Wolf bestimmt nicht bieten, denn er zählt zu den am weitesten verbreiteten Säugetieren der Erde. Es stecken die vorgenannten Gründe dahinter, die den für ein Wildtier außergewöhnlichen Aufwand rechtfertigen. Die unermüdliche Arbeit der Angestellten der Wolfsbüros, der Wolfsbeauftragten und Wolfsbotschafter, der NABU- und Ökohardliner und natürlich der Politiker quer durch die Parteienlandschaft, die die Notwendigkeit der Wiederansiedlung der Wölfe propagieren, sollte deshalb nicht nur nachdenklich stimmen. Es wird höchste Zeit, Widerstand zu leisten und diese Entwicklungen aufzuhalten. Der Wolf ist ungefährdet, viele andere Tierarten sind vom

Durch die Anwesenheit eines einzelnen Wolfes kommt es nicht zur Bildung von Panikrudeln. Erst eine größere Zahl der „Grauhunde" veranlasst das Rotwild, sich in solchen Gemeinschaften zu konzentrieren.

Damwild ist durch die Ausbreitung des Wolfes hochgradig gefährdet.

Aussterben bedroht. Während der Wolf als Heilsbringer glorifiziert wird, hört man über die wirklich gefährdeten Tiere kaum ein Wort. Der Wolf ist Mittel zum Zweck. Er ist ein willkommener Zuwanderer. Der heimische Rothirsch hingegen, um beim eigentlichen Thema des Buches zu bleiben, ist ein Waldschädling, der zu dezimieren ist, dem man ausgewählte Lebensräume zuweisen muss, der intensiv bejagt werden soll. Der Propagandafeldzug der Wolfsbefürworter nutzt die Faszination, die von diesem zweifelsfrei beeindruckenden Großraubtier ausgeht. Die Ideologie einer Minderheit, die dem Wolf als geschützte Wildtierart in Deutschland ungehindert und flächendeckend Zugang verschaffen will, strotzt zuweilen von Falschinformationen, bewusstem Zurückhalten von Erkenntnissen zur Verbreitung und zum Verhalten des Zuwanderers. Diese Minderheit hat aber eine mächtige Lobby im Hintergrund, die, um es kurz zu sagen, das konstruierte Lügengebäude mit allen verfügbaren Mitteln stützt. Den Wolf dabei wider besseren Wissens als harmloses und überaus scheues Großraubtier darzustellen, ist da noch die kleinste Schwindelei. Mehr als deutlich ist die Absicht zu erkennen, alles kleinzureden, was einer flächendeckenden Ausbreitung des Wolfes hinderlich sein könnte. Politische Korrektheit ist oberstes Gebot.

Viele Ereignisse im Zusammenhang mit Wölfen zeigen, wie wenig wir über sie wissen. Meiner Meinung nach ist ihr Verhalten weitaus flexibler, als wir es uns gegenwärtig vorstellen können. Da gibt es keinen Schematismus, den wir immer wieder gerne anwenden, um Wildtier-Verhalten ein- und zuzuordnen. In der menschenleeren Wildnis Nordamerikas und Russlands oder in den dünn besiedelten osteuropäischen Lebensräumen herrschen Bedingungen, die mit den unseren überhaupt nicht vergleichbar sind. Dort hat sich der Wolf angepasst. Unsere zivilisierte Welt mit ihren begrenzten Lebensräumen für Wildtiere, fernab von der einstigen Urnatur, beeinflusst die Handlungsweise der „Grauhunde" auf eine ganz andere Art. Sie werden sich hier bei uns, in einem der dichtbesiedeltsten Länder der Erde, ebenfalls anpassen. Da können wir nichts bisher Bekanntes einfach übertragen. Das ist eine völlig neue Situation, die umso interessanter wird, je weiter sich das Großraubtier ausbreitet und die Nahrung in seinem Umfeld verknappt.
Eines zeigt der Widerstreit der Meinungen, der längst die politische Landschaft erreicht hat, deutlich: Das Abrücken von einmal vorgegebenen Positionen fällt nicht nur schwer, es ist bisweilen fast unmöglich. Vermutlich ist es jedoch nur eine Frage der Zeit, bis die Bastion der

Beim Rotwild sind es vorwiegend die Kälber, die von den Wölfen gerissen werden. Wenn die Wölfe im Rudel jagen, fällt es ihnen auch nicht sonderlich schwer, Kahlwild zu stellen.

In den Wäldern der Niederlausitz sollte man diese Hinweise ernst nehmen (links). Wolfsriss (rechts).

Wolfsideologen zu bröckeln beginnt. Schadensbegrenzung durch Förderung von Abwehrmaßnahmen, seien es spezielle Zäune, ausgewählte Hunderassen und anderes mehr, vom Steuerzahlergeld finanziert, wird als Allheilmittel nicht ausreichen, ist nicht die Lösung für die Zukunft. Es ist zugleich ein unvollkommener Ansatz, der nur Zeitgewinn bringen soll, Zeit für die rapide und ungehinderte Entwicklung der Wolfspopulation. Welche Tragödien sich abseits unserer Wahrnehmung in viel größerem Umfang in den Wäldern abspielen, darüber schweigt die Klientel, die das Raubtier heilig spricht. Und auch die Zurückhaltung der jagenden Zunft ist nicht viel besser. Die ungehinderte Vermehrung und Ausbreitung einer Tierart, die in der Nahrungskette ganz oben steht, kann nicht gut gehen, wenn man die Lebensvielfalt in einer Kulturlandschaft qualitativ und quantitativ erhalten will. Die Jägerschaft sieht sich gern als Anwalt von Natur und Wild, doch beim Thema Wolf gibt es nur Achselzucken, Resignation und Kritik hinter vorgehaltener Hand. Und dabei müssten es die Weidgenossen eigentlich besser wissen. Was für ein Geschrei war und ist von ihnen über den Fuchs im Niederwildrevier zu hören. Kurz halten, kurz halten (!!) ist da noch die Schönschrift in der Formulierung. Meister Reineke stand neben dem Menschen bis dato im Niederwildrevier an der Spitze der Nahrungskette. Er jagt einzeln, solitär, der Wolf im Rudel. Viel mehr Unterschied, um es provokant zu formulieren, sehe ich nicht. Der Wolf jagt nicht nur das Schalenwild. Er ist Kulturfolger. Das heißt, dass er mit unserer Landschaft und Siedlungsdichte gut zurechtkommt. Er braucht keine großen, zusammenhängenden Wälder, um sich zurückziehen. Förderlich sind sie nur für die Reproduktion. Aber sie sind nicht zwingend notwendig. Rückzugsmöglichkeiten gibt es vielerorts, da reichen kleinräumige Strukturen, Remisen und Buschgruppen in den Feldgebieten und selbst in der Nähe von Siedlungen und Städten, wie wir inzwischen wissen. Deshalb beschränkt sich sein Nahrungserwerb in Deutschland nicht nur auf das Schalenwild. Vögel und Feldhasen, Mäuse, Aas oder pflanzliche Kost verschmäht er keinesfalls, ganz im Gegenteil. Alles was er überwältigen kann, alles was erreichbar ist, wird zu seiner Beute. Reineke Fuchs handelt nicht anders. Doch er wird in Zukunft nicht mehr der Primus im Niederwildrevier sein. Er wird weiter bejagt werden, weil es für die Artenvielfalt ja so wichtig ist.

Der neue Primus in Feld und Wald darf, im Gegensatz zum Rotrock, jedoch alles ganz ungestraft tun. Und das werden wir spüren, zumindest die, die mit offenen Augen durch die heimischen Fluren gehen. Ungehinderte Vermehrung bedeutet hohen Nahrungsbedarf, und erst bei Nahrungsverknappung beginnt die Geburtenrate des Prädators zu sinken. Ist dieser Zeitpunkt gekommen, haben die Wolfsbefürworter ihr Ziel erreicht. Bis dahin sind die Unwägbarkeiten, die der Populationsdruck des Raubtiers auf seine Umwelt bewirkt, die es mit dem Menschen auf engstem Raum teilt, überhaupt nicht einzuschätzen oder zu kalkulieren.

Nehmen wir an, was ich nicht glaube, die flächendeckende Ausbreitung der Wölfe bei gleichzeitig hoher Populationsdichte gelingt ohne ernste Konflikte mit der Zivilisation. Dann haben wir zwangsläufig in einigen Jahrzehnten Verhältnisse wie in Russland oder Nordamerika, wo man 100 Meilen fahren oder fliegen muss, um auf ein Stück Wild zu treffen. Den sogenannten Naturschützern und anderen Interessengruppen, denken wir nur an den Waldbau und die landwirtschaftliche Pflanzenproduktion, kann das nur recht sein. Der traditionelle Umgang mit unserem Wild, das als Teil der Kulturlandschaft auch mal in Anblick kommt, hegerisch betreut und bejagt wird, geht damit jedoch verloren. Wenn ich gerade zuvor mit der Jägerschaft ob ihrer Zurückhaltung bei der Wolfsproblematik hart ins Gericht gegangen bin, soll das nicht heißen, dass sich alle abducken. Es gibt auch Aufrechte, die sagen, was sie denken und fühlen. Ein Vorstandsmitglied der Hegegemeinschaft „Hohenbucko-Rochauer Heide", in deren Verantwortungsbereich viele meiner Fotos entstanden sind, hat das öffentlich auf den Punkt gebracht, als er in der lokalen Presse schrieb: *„Ich bin erschrocken über die Unprofessionalität des sogenannten Wolfsmanagements, welches ohne jegliche wissenschaftliche Begleitung auskommt und das unter anderem unser Gebiet als ideologische Spielwiese betrachtet, ohne die Folgen ihres Tuns oder auch Nichttuns abschätzen zu können. Unverantwortliche Politik und Politiker, die sich als Pseudonaturschützer präsentieren wollen, sowie auch teilweise ein Landesjagdverband, der diesem Treiben tatenlos zusieht und die Einstellungen der Bevölkerung vor Ort ignoriert, tun ein Übriges dazu, die sehr wohl vorhandene Akzeptanz des Wolfes, für dessen Wiederkehr unter bestimmten Voraussetzungen ich bin, aufs Spiel zu setzen. Dieser vollkommen überzogene Schutz einer Tierart, die weltweit vorkommt und nie gefährdet war, entlarvt auch die politische Kultur der Populisten und Ideologen in der EU. Sie machen Politik gegen die Menschen, die Betroffene sind."*

Sind seine Tage als Primus im Niederwildrevier gezählt?

Auch im Niederwildrevier finden die Wölfe reichlich Beute.

Besser kann man es nicht formulieren. Auf der Jahreshauptversammlung der Hegegemeinschaft „Hohenbucko-Rochauer Heide" im März 2015 schätzte der zuständige Wolfsbeauftragte in seinem Gastvortrag die Anzahl der Wölfe in dem etwa 50.000 Hektar großen Jagdgebiet auf sieben bis neun Stück. Belegt wäre das mit entsprechenden Sichtbeobachtungen und Fotos aus Wildkameras. Als Ergebnis der Wolfsansiedlung, ich hatte es schon erwähnt, gilt die ehemals in dieser Region vorhandene Muffelwildpopulation als erloschen. Immerhin umfasste sie etwa 700 Tiere, im Frühjahrsbestand einschließlich der neu geborenen Lämmer sogar um die 1000.

Ich persönlich schätze den Wolfsbestand höher ein. Seit dem Jahr 2014 habe ich bei meinen vielen Pirschgängen in der Rochauer Heide kein einziges Stück Muffelwild mehr gesehen, auch keine Fährten. Das heißt aber nicht, dass nicht irgendwo einige Tiere umherzigeunern. Längst nicht alle wurden zur Beute der Wölfe, viele Mufflons sind abgewandert, verstreut in alle Winde. Immer wieder gab es Meldungen von Wildschafsichtungen aus entfernten Revieren, in denen diese Wildart bisher nicht vorkam. Man brauchte kein Hellseher zu sein, um zu wissen, welches Schalenwild das nächste sein würde, das den Beutegreiferdruck verstärkt spürte. Es war das Rehwild. Inzwischen ist der Schwund bereits deutlich. In der Jagdstatistik 2014/2015 schlägt sich die Abwärtsspirale noch nicht sichtbar nieder. Gerade im Frühjahr, wenn die Tiere auf die Saaten drängen, sind die Auswirkungen der stetig sinkenden Wilddichte aber zu beobachten.

Wölfe greifen Frischlinge, wenn die Elterntiere sie nicht beschützen. Vor allem der Nachwuchs einzeln gehender Bachen ist gefährdet.

Nur mit einem angepassten Verhalten des Wildes an die Wolfssituation ist der schwindende Anblick nicht zu erklären. Die beiden großen Schalenwildarten, das Rot- und das Schwarzwild, sind bisher nicht in dem Maße betroffen. Es gibt jedoch auffällige Veränderungen im Lebensrhythmus, besonders beim Rotwild. Sie äußern sich vor allem durch das unstete Wandern. Die altbekannten Einstände werden oft nur wenige Tage genutzt. Wochenlang sieht man trotz aller Mühen und aller Vorsicht kaum noch Wild, und dann ist über Nacht der Teufel los. Kopfstarke Rudel wechseln auf die früher ständig frequentierten Äsungsflächen, als wäre die Welt wieder im Lot und die Jäger pflichtvergessen angesichts der vielen Tiere. Aber es ist nichts mehr im Lot, diese Welt ist aus den Fugen und schaut in eine ungewisse Zukunft.

Der Muffelwildbestand in der Hohenbucko-Rochauer Heide ist erloschen. Dort hat der Wolf den ersten Teil seiner „Arbeit“ getan. (Foto: o/u)

HEIDE, BRUCH UND PFEIFENGRAS

DER „WUCHTIGE“

Seit den 70er-Jahren des vorigen Jahrhunderts pirsche ich bereits in den Waldungen der Rochauer Heide. Der große Kiefernforst in der Niederlausitz und seine angrenzenden Fluren im Süden waren wildreich. Rotwild, Reh- und Schwarzwild zogen dort zahlreich ihre Fährten. Das in den 60er-Jahren eingebürgerte Muffelwild hatte sich gut eingelebt und vermehrte sich außerordentlich rasch. Fast jeden Urlaub nutzte ich, um in diesem Landstrich meiner Leidenschaft als Wildtierfotograf nachzugehen. Später, Mitte der 80er-Jahre, erlaubte es mir dann ein Wohnortwechsel, noch mehr Freizeit in den Revieren zu verbringen. Das ist bis heute so geblieben. Mich faszinieren aber nicht nur die Tiere, sondern auch die Landschaft. Auf den ersten Blick wirkt sie auf den Betrachter eher etwas eintönig, denn die Dominanz der Kiefer, gepflanzt und gewachsen in Reih und Glied, ist allgegenwärtig. Man muss etwas genauer hinschauen, um den Reiz der Heide zu entdecken. Es ist nicht nur ihre mehr oder weniger verborgene Schönheit, es ist auch ihre Einsamkeit, die mir gefällt. Fast scheint es so, als ob sie von den Menschen gemieden würde. Der geschlossene Waldkomplex, einer der größten im südlichen Brandenburg, wird kaum durch Verkehrswege zerschnittenen. Sein überwiegender Teil gehört zum Naturpark Niederlausitzer Landrücken. Die geringe Industrialisierung des Landstrichs hat eine dünne Besiedlung zur Folge. Nur 28 Menschen pro Quadratkilometer leben hier. Wenn man das mit anderen Gebieten oder gar mit den überfüllten Großstädten in der Bundesrepublik Deutschland vergleicht, ist das wahrhaft wenig. Dafür bleibt mehr Raum für die Natur. Wer sie liebt und sich Zeit für sie nimmt, den überrascht sie mit ihrer Ursprünglichkeit. Es gibt auf den sandigen und trockenen Standorten eine Biotopvielfalt, die man gar nicht vermutet. So finden wir Traubeneichenwälder und sogar Auwaldreste, die im Sommer nahezu urwaldähnlich wirken, im Kiefernforst.

„Pfeifengrasbruch“ in der Rochauer Heide

Eine ganz andere Wildnis, viel spröder ausschauend, bieten die großen Brüche. Es sind weiträumige Senken in dem Gebiet, in denen sich ein heimisches Gras nahezu konkurrenzlos ausgebreitet hat – das Pfeifengras. Die deutsche Namensgebung hat ihren Ursprung in der Tatsache, dass die Halme des Grases früher zum Reinigen von Pfeifen benutzt wurden. Sie eignen sich dafür besonders gut, weil sie nur an der Basis einen Knoten besitzen. Fürs Pfeifenreinigen wird sie heutzutage wohl keiner mehr verwenden, aber dem Wild in der Kiefernheide ist das hoch wachsende Gras sehr von Nutzen. Fast zu jeder Jahreszeit bietet es den Tieren ausreichend Deckung und schützt vor Wind und Wetter. In unmittelbarer Nähe der Brüche befinden sich vielfach Kiefernalthölzer mit Adlerfarn. Der steht dort ganz dicht und ist fast mannshoch. Diese Landschafts- und Biotopstruktur ist ein großräumiges Rückzugsgebiet für das Wild. Erst im Winter, wenn der Farn braun geworden ist und in sich zusammenfällt, schwindet die so gern angenommene Deckung dramatisch. Dann werden die letzten Dickungsreste und Stangenhölzer als Versteck genutzt, so weit das eben geht. Und mitunter streifen dann vor allem die Rotwildrudel auch weit in der Heide umher. In den letzten Jahren, mit dem Auftauchen des Wolfes und seiner Ansiedlung, gehört der stete Standortwechsel zweifellos zum Ritual der Feindvermeidung.

Vor dieser Zeit, als aus meiner bescheidenen Sicht noch alles in Ordnung war und das Wild nur einen Feind kannte, den Menschen, pirschte ich viele Tage auf einen Zukunftshirsch. In meinem 2014 erschienenen Buch „Auf der Fährte der Hirsche“ hat der prächtig veranlagte Recke keinen Platz mehr gefunden. Deshalb möchte ich noch einmal zurückschauen, zuerst in die ferne Vergangenheit und dann zu diesem Geweihten und den zahlreichen Versuchen, seiner habhaft zu werden.

Feistzeit, „Gespensterzeit“! Die Lebensweise der Hirsche in dieser Periode Ende Juli und im August kann die

Im Morgengrauen wechseln die Feisthirsche aus der Feldmark zurück in ihre Einstände im Forst. (Foto: Christian Hubatsch)

Jäger – aber auch die Wildfotografen – schier zur Verzweiflung bringen. Das Äsungsangebot für die Tiere ist mehr als reichhaltig. Sie werden träge, und der Weg von der Äsung zum Einstand ist in der Regel sehr kurz. Die Geweihträger sammeln Kraft für die Brunft im September. Die bereits aufgegangene Jagd macht sie darüber hinaus außerordentlich vorsichtig. Doch nicht jeder Morgen ist wie der andere. Auch der Feisthirsch hält seinen Tagesrhythmus nicht immer auf die Minute ein. Beginnen die Rudel auf dem Rückweg von den Feldern zu bummeln, erreichen sie verspätet die Einstände. So es der Zufall will, ist es dann bereits so hell, dass der Jäger einen sicheren Schuss antragen kann oder dem Fotografen sogar ein brauchbares Foto gelingt. Das war auch meine Hoffnung, seit vielen Tagen schon. Der Morgenwechsel der Geweihten hat einen Namen: „Kirchgang der Feisthirsche“!

Bereits in der Nacht, Anfang des Monats August, baumte ich auf eine Kanzel an der Waldkante auf, um im allerersten

Im „Schweinsgalopp“ in die Heide

Morgengrau die Hirsche beim Einwechseln von der Feldmark in das Kiefernholz zu beobachten. Auf welchem Weg sie daherkommen, musste ich wissen. Davon hing nämlich ab, welchen Wechsel sie im Wald nehmen würden. Und da gab es eine Reihe von Möglichkeiten. Aber das Feld blieb leer. Erst als es richtig hell wurde, tauchten aus dem fernen Dunst urige Schatten auf. Eine Schwarzwildrotte! Die Tiere hatten es sehr eilig und nahmen den Forst im „Schweinsgalopp" an.

Am nächsten Tag wählte ich mir für den frühen Anstand eine Pappelpflanzung, die an eine kleine Wiese grenzte. Sie befand sich nur wenige hundert Meter von einer Kieferndickung entfernt, die die Hirsche ab und zu als Einstand tagsüber aufsuchten. Das erste fahle Licht im Osten zeichnete die schwarzen Waldmauern ringsum deutlicher. Reineke Fuchs schnürte von der Pflanzung kommend auf den Weg, an dem ich wartete. Er schüttelte sich die Tautropfen vom Balg, windete an meiner halbstundenalten Spur und sprang mit einem mächtigen Satz ins Kiefernholz. Laut brach ein Ast im Wald. Dann herrschte wieder tiefes Schweigen. Kamen die ersten Hirsche? Einige Minuten vergingen, nichts deutete darauf hin. Doch aus Erfahrung wusste ich, dass sie oftmals völlig geräuschlos einwechseln. Plötzlich federten zwei große Silhouetten über das Gestell. Wie ein „Spuk", wie eine gespensterhafte Erscheinung im Dämmerlicht! Also doch richtig vermutet! Nur die Fährten im feuchten, grauen Sand werden mich bei Tageslicht an diese Begegnung erinnern. Es wurde heller und nach einer knappen Stunde für meine Begriffe viel zu hell, als dass ich noch auf Anblick hoffen konnte. Unerbittlich rückte die Zeit vor.

Bald würde die Morgensonne über die reglosen Wipfel des Hochwaldes steigen. Ich verließ meinen Stand und pirschte vorsichtig zur nächsten Wegbiegung. Dort entdeckte ich fünf Hirschfährten im Sand, genauso frisch wie die von den beiden „Silhouetten", die ich im ersten Grau des Morgens gesehen hatte. Ich kehrte um. Die Hirsche waren gewechselt, keine Chance auf Anblick bei brauchbarem Licht! Vorbei an der Pappelpflanzung wollte ich die feldmarknahen Revierteile aufsuchen, da das Rehwild bestimmt noch draußen äste. Laut knackten plötzlich trockene Äste, und das

Ein Hirschrudel wechselt im Morgenlicht über ein Gestell.

fast mannshohe Gras zwischen den Pappeln rauschte und knisterte unter dem schweren Tritt starken Wildes. Die Geräuschwalze kam schnell näher. Dann herrschte mit einem Mal Stille. Wie angewurzelt verharrte ich in unbequemer Stellung. Der kleinste Fehler konnte jetzt alles verderben. Sekunden später bemerkte ich unter den Pappeln schwankende Geweihstangen. Ein Hirschrudel äste, geschützt und fast verdeckt durch das hohe Gras, unter den Bäumen. Und die Recken hatten Zeit. Zehn Minuten, endlose zehn Minuten musste ich warten, dann setzt das Getöse wieder ein. Die Hirsche zogen auf die Wiese vor der Pflanzung. Mir blieb keine Zeit, sie genauer anzusprechen. Ich hatte zu tun, mich hinter einer Kiefer zu verstecken. Das Rudel formierte sich zu einer Kette und näherte sich beängstigend schnell meinem Standort. Mit knackenden Gelenken wechselten sieben Feisthirsche an mir vorbei, und noch lange hörte ich das Brechen der Äste in der bürstendichten Kiefernschonung, in der sie sich bestimmt irgendwo niederließen.

Diesen Morgen im August in der Muskauer Heide, unweit der polnischen Grenze, erlebte ich vor 50 Jahren. Damals wollte ich einen 16-Ender fotografieren, einen besonders starken und nicht mehr ganz jungen. Es ist mir trotz zahlreicher weiterer Versuche nicht geglückt. Im August 2008 verbrachte ich ebenfalls viele Morgenstunden damit, auf einen 16-Ender anzusitzen. Handlungsort war diesmal nicht die Muskauer Heide, sondern die Rochauer Heide im Brandenburger Land. Der Hirsch, auf den ich es abgesehen hatte, schien mir hervorragend veranlagt. Er besaß trotz seiner Jugend schon richtig dicke Stangen und gehörte nicht zu denen, die auch tagsüber des Öfteren in der deckungsreichen Feldmark einstanden. Er zog meistens mit einem kleinen Rudel durch das Revier und trat nur nachts zur Äsung aus. Früh am Morgen wechselte er mit seinen Begleitern wieder zurück in den Wald, aber jedes Mal so zeitig, dass ich nicht fotografieren konnte. Dabei wollte ich unbedingt ein paar Bilder von dem dickstangigen Jüngling haben, die ersten für eine neue Lebensgeschichte. Der Hirsch versprach ein ganz starker zu werden. Und wenn er die Form seiner Kronen in der Zukunft beibehielt, wäre auch seine Wiedererkennung über die Jahre kein Problem. Doch dieser Feisthirsch mach-

Ende Juni im Jahr 2009: Der „Wuchtige" flüchtet am helllichten Tag durch das niedrige Getreide.

14. Juni 2011: Links äugt der „Wuchtige" aus dem Roggen. Sein massiges Geweih braucht noch Zeit, bis es fertig vereckt ist.

te seinem Ruf als „Waldgespenst" alle Ehre, genau wie der aus dem Muskauer Forst. Immer wieder hielt er mich mit seinen Begleitern zum Narren. Entweder kam der Trupp zu zeitig von den Feldern daher oder auf Wechseln, die viel zu weit von meinen Sitzen entfernt waren. Es klappte einfach nicht

Das Jahr darauf lief es kaum besser. Ein einziges Mal gelangen mir Fotos. Alles musste so schnell gehen, dass ich den Hirsch, der aus einer Waldinsel heraus durch ein Getreidefeld preschte, gar nicht sofort erkannte. Erst zu Hause, nach dem Betrachten der Fotos, wusste ich, mit wem ich es zu tun hatte. Seine unfertigen Kronen zeigten wie schon im Vorjahr die nach außen wegstehenden unteren, langen Enden. Meine Hoffnungen, den Prachtkerl in der Feistzeit oder der folgenden Brunft im September und Oktober noch einmal zu erwischen, erfüllten sich nicht. Kein einziges Mal bekam ich ihn in Anblick. Das Jahr darauf verschwand er gänzlich von der Bildfläche. Der „Wuchtige", so hatte ich ihn getauft, schien an einem mir unbekannten Ort einzustehen.

Erst im Jahr 2011 lief alles nach Wunsch. Da präsentierte er sich im Sommer und im Herbst in den allerbesten „Posen". Viele Tage verweilte er mit anderen Hirschen im Roggen draußen vor dem Wald. Am 14. Juni 2011 bekam ich dann eine besonders prächtige Chance, den Recken abzulichten. Ich wartete schon fast eine geschlagene Stunde draußen am Getreidefeld und hoffte darauf, dass sich dort Hirsche aufhielten und irgendwann ihre Kolbengeweihe aus dem allmählich gelb werdenden Halmenmeer auftauchen würden.

Einige hundert Meter südöstlich befand sich eine Allee von uralten Eichen. Ein Landwirt hantierte da an seinem Traktor. Immer wieder drangen laute, metallische Geräusche zu mir herüber. Sie waren bestimmt der Grund dafür,

Kapitaler Hirsch in einem Sonnenblumenfeld aus dem gleichen Revier. Er hat schon weit in die Kronen geschoben.

dass plötzlich mehrere klobige Kronen über dem Roggen erschienen, keine 200 Schritt von der Eichenallee entfernt. Die Hirsche fühlten sich in ihrer Siesta sicherlich gestört und äugten hinüber zum Störenfried. Sie drehten ab und stiegen mit nickenden Häuptern geruhsam durch das Getreide, meinem Stand entgegen. Eine bessere Dramaturgie konnte es nicht geben. Den „Wuchtigen“ mit seinen dicken Stangen und den seitlich auskragenden unteren Kronenenden rechts und links hatte ich sofort erkannt. Alles passte. Sie kamen nah genug, sodass das pralle Sonnenlicht die Fotos nicht verdarb. Ein glückseliger Moment für mich! Das war schon einer. Von der Sorte gab es hier in der Heide nicht allzu viele. 8. Kopf oder 9. Kopf? Genau weiß man das in freier Wildbahn nie! Eines aber wusste ich, dass wird ein richtig Großer, wenn er das Reifealter erreicht.

In den nächsten Tagen bekam ich den „Wuchtigen“ noch zweimal vor meine Kamera und erwischte ihn in diesem Jahr endlich auch im Herbst. Die erste Septemberhälfte verbrachte ich an der Ostseeküste. Anschließend pirschte ich in der Niederlausitz. Die lebhafte Brunft ließ keine Langeweile aufkommen. Fast täglich gab es guten Anblick. Natürlich schwankte die Intensität der Hirschhochzeit. Die Recken brauchten auch mal Pausen, um dann wieder richtig loszulegen. Bevor ich dem „Wuchtigen“ begegnete, betrat der sogenannte „Kammhirsch“ die Bühne des lauten Treibens. Er war vermutlich nicht viel älter als der mittelalte „Klotz“ und besaß an beiden Augsprossen Besonderheiten, die nicht alltäglich sind. Links handelte es sich um eine doppelte Ausbildung des Augsprosses und ungewöhnliche, tropfenähnliche Wucherungen im Rosenbereich. An der Unterseite der rechten Augsprosse verlief ein Hornsteg mit runden Zinken – wie ein Kamm! Der wurde zum Namensgeber für den Geweihten: kurz und knapp „Kammhirsch“!

Als Platzhirsch hielt er sein Kahlwild zusammen und bestimmte die Akustik im Terrain. Das machte es mir nicht allzu schwer ihn abzulichten, und auch der Jagdpächter wurde auf ihn aufmerksam. Alsbald stellte der sich die Frage – schießen oder nicht? Um möglichst eine Fehlentscheidung zu vermeiden, meldete er sich eines Tages bei mir. Gemeinsam schauten wir uns die Fotos an, die ich bisher vom „Kammhirsch“ gemacht hatte.

Das waren sehr viele – und fast auf jeder der unterschiedlichen Serien variierte auch unsere Altersschätzung. Mal hieß es 8 Jahre, mal 9 Jahre, mal 10 oder höchstens

Auf den beiden Fotos ist der sogenannte „Kammhirsch“ zu sehen. Diese Ansichten überzeugten den Jagdpächter, dass der Hirsch das Alter 10 noch nicht erreicht hat.

Der „Kammhirsch“ mit seinem Kahlwild (Brunft 2011)

11 Jahre. Mein „Gebot“ fiel meistens etwas niedriger aus als das des Jägers. Es ist eben schwierig. Licht und Schattenwurf sind jedes Mal anders, ebenso die Körperhaltung. Dementsprechend verändert sich das Aussehen. Letztendlich überzeugten den Weidmann die beiden Fotos unten auf der vorigen Seite. Da präsentiert er uns ein Kindsgesicht. Der ist nie und nimmer 10 Jahre alt! Also Hahn in Ruh! Der „Kammhirsch“ ahnte weder etwas von den ursprünglichen Absichten des Jagdpächters noch von der inzwischen gebannten Gefahr. Wenn man nicht weiß, dass es einem an den Kragen gehen soll, lebt es sich viel besser. Der Hirsch folgte seinem Kahlwild bis zum Ende der Brunft. Laut rufend trug er die Kunde von seinem Platzhirsch-Dasein in den mittlerweile stiller werdenden Wald.

Beim „Wuchtigen“ reichte es nicht zum Platzhirsch. Also vielleicht doch erst 8. Kopf? Eines Tages wechselte er durch den Kiefernwald und äugte am Wegesrand zu mir herüber. Da sah man ihm seine Jugend deutlich an. Am letzten Tag im September begegneten wir uns auf Nahdistanz. Der Wald dröhnte trotz der fortgeschrittenen Morgenstunde von den Rufen der Hirsche. Ich wartete an einem Gestell, gut getarnt hinter einer zwei Meter hohen Rotfichte. Von rechts kam ein Hirsch. Nur ab und zu sah ich den mächtigen Körper im dichten Unterholz. Sekunden später war mir klar: Der will direkt vor meiner Fichtendeckung über das Gestell. Da brauche ich keine Kamera. Der ist viel zu nah.

Rücksichtslos zwängte sich der Recke durch das Astgewirr. Es brach, knackte und krachte. Wenige Meter vor der Fichte kam er frei und dann mit einem mächtigen Satz hoch auf die Schneise. Er hat mich bestimmt nicht gesehen, aber etwas gewittert. Blitzschnell wendete er zurück ins Holz. Stille! Sehr lange! So wie er gleich neben mir verharrte, so reglos verhielt ich mich auch. Dann war seine Entscheidung gefallen. Er zog von mir weg, parallel zum Gestell. Weiter vorn trat er an den Schneisenrand. Jetzt passte die Entfernung für ein Bild vom Zukunftshirsch. Nach der Brunft sah ich den „Wuchtigen“ nicht mehr. Es gab keinen Anblick im Winter und auch keine Kunde von seinen Abwurfstangen im Frühjahr.

Im März, April und Mai konzentrierte ich mich auf das Rehwild, pirschte in einer großen Niederung, die vor allem Wiesen und Weiden prägen. Das ausgedehnte Revier befindet sich unmittelbar südwestlich des Rochauer Forstes.

Besonders in den Monaten März und April geht es bei dieser zierlichen Wildart ziemlich hoch her. Die Sprünge

Drei Jahre später – der „Kammhirsch“ während der Brunft im September 2014, etwa 11–12 Jahre alt. Der „Knochenkamm“ am rechten Augspross und die doppelte Ausbildung des linken Augsprosses sind verschwunden. Die Form seiner Geweihauslage hingegen hat er beibehalten.

Der „Kammhirsch“ zieht aus dem Roggen in das angrenzende Kiefernstangenholz (29. 6. 2016). Im Alter von 13 oder 14 Jahren trägt er nach wie vor ein endenarmes Geweih. Seine Statur und sein Haupt verraten uns aber, dass er in die Jahre gekommen ist.

Der „Wuchtige“ äugt am Rand des Gestells zum Fotografen, bevor er wechselt (Brunft 2011).

Am letzten Tag im September 2011 begegne ich dem Zukunftshirsch wieder. Ganz nah wechselt er mich an.

Morgenstimmung im Rehwildrevier

werden nach dem Winter wieder kleiner und die Böcke aktiver, da sie aufgrund ihrer territorialen Lebensweise im Sommer um ihre Lebensräume streiten müssen. Bevor sich die Gehörnten aber so richtig ins Gehege kommen, wenden sie sich erst einmal dem anderen Geschlecht zu. Als wollten sie sich für die bevorstehenden Auseinandersetzungen mit ihresgleichen in Form bringen, treiben sie die Ricken auf und ab durchs Revier. Mit welcher Leidenschaft das geschieht, kann ich in den weiten Wiesen bestens beobachten. An der wilden Hatz beteiligen sich Böcke aller Altersklassen. Was die Lunge hergibt, kreuz und quer durchs Wiesenland geht das wilde Treiben. Und das teilweise bis zur Erschöpfung beider Partner. Dann äsen sie friedlich beieinander, sammeln Energie, um bald von neuem mit der kräftezehrenden Jagd zu beginnen. Die ist begleitet vom Imponier- und Drohgehabe der Böcke gegenüber den Ricken, die manchmal mit Demutsverhalten auf das Geprotze reagieren.

Es ist eine beeindruckende und aktionsgeladene Szenerie, die zugleich auch soziale Bindungen des Wildes untereinander widerspiegelt. Das Ende März, Anfang April

schnell nachlassende Treiben der Ricken durch die Böcke findet eine turbulente Fortsetzung, wird abgelöst von der Hektik der Auseinandersetzungen zwischen den Böcken. Nun sind sie allein die Akteure im Konkurrenzkampf, bei dem es um die Besitznahme der besten Lebensräume geht.

Trotz der zahlreich vorhandenen Böcke gab es erstaunlich wenig Kämpfe zu sehen. Und wenn sich dann mal zwei bedrohten, war ich garantiert nicht nah genug. Es herrschte scheinbar ein ziemlich starkes Gefälle in der Hierarchie, sodass für die wenigen älteren Exemplare genügend Lebensraum im Wiesenland zur Verfügung stand. Dafür wurden die Eleven, sobald sie sich irgendwo zeigten, mit erstaunlicher Vehemenz von dannen gejagt. Die Turbulenz des Geschehens brachte es mit sich, dass mir so mancher Bock ganz fotogen kam. Wenn auf diesem bescheidenen Standort auch keine Überböcke wachsen – für eine Bockparade reichen die vielen Fotos allemal.

Obwohl die Böcke bis zu vier Meter weit und eineinhalb Meter hoch springen können, habe ich nie erlebt, dass die überall vorhandenen Weidezäune überfallen wurden.

Revierkampf der Böcke: Der Unterlegene sucht das Weite und muss anderswo sein Glück versuchen.

Lieber drunter als drüber hieß die Devise. Auch die Ricken hielten nichts von hohen Sprüngen, taten es der gehörnten Männlichkeit gleich und unterquerten die losen Einfriedungen, statt sie zu überqueren.

In diesem Frühjahr machten die meisten Böcke, die ich beobachtete, eher einen braven Eindruck. Für viele Jäger ist die Attraktivität des Rehwildes unter anderem mit der variantenreichen Vielgestalt des Kopfschmuckes der männlichen Tiere verbunden, wenn auch nicht ausschließlich. Aber der Reiz, der von solchen Trophäen ausgeht, ist schon erheblich. Rehe reagieren sensibel auf Umwelteinflüsse und organische Beeinträchtigungen. Stoffwechselstörungen, Vitaminmangelerkrankungen, Parasitenbefall, starke Fröste bei der Trophäenentwicklung im Winter oder Verletzungen führen dann sehr schnell zu einem abnorm aussehenden Hauptschmuck.

Bei den Rehböcken ist es mir – im Gegensatz zu den Rothirschen – nicht gelungen, einzelne Individuen über mehrere Jahre in Folge fotografisch zu begleiten. Die territorial lebenden Gehörnten zu überlisten, ist jedoch keineswegs

Der Weidedraht wird lieber unterlaufen als übersprungen.

schwieriger, als auf die Geweihten erfolgreich zu pirschen oder anzusitzen. Ich denke, die Tagaktivität beim Rehwild ist von der Tendenz her ausgeprägter als beim Rotwild, was es dem Fotografen prinzipiell etwas leichter macht, die Tiere abzulichten. Einzig und allein mein bevorzugtes Interesse für die Rothirsche ist schuld daran, das der „Hirsch des kleinen Mannes" meinerseits eine etwas stiefmütterliche Behandlung erfährt. Ich glaube außerdem, dass die Zeit, um sich intensiv mit beiden Wildarten zu beschäftigen, gar nicht aufzubringen ist, zumindest nicht für einen Hobbyfotografen wie mich. Eine Wildart wird immer mehr oder weniger das Nachsehen haben. Wenn ich im Rehwildrevier bin, empfinde ich die Begegnungen und Erlebnisse mit den zierlich anmutenden Tieren spannend und aufregend. In diesen Momenten ist es für mich ganz gleich, was ich da im Fokus habe. Bock, Ricke oder Kitz machen da nicht den Unterschied. Sind sie formatfüllend im Sucher der Kamera, gibt es nur eine Prämisse – das Abbild muss auf den Chip.

Der verfegte Bock im Winterkleid oben rechts auf dem Fotos verrät uns, dass er nicht mehr ganz jung ist. Denn beim Rehwild gilt: Die älteren Böcke verfegen ihr Gehörn meistens früher als die jüngeren, und das vor dem Verfärben. Die jungen Böcke sind oft schon im Haarwechsel oder damit bereits fertig, wenn sie ihren Bast verlieren. Der neugierig und verunsichert äugende Eleve im Bild nebenan demonstriert uns das eindrucksvoll.

Junger Bock – er hat verfärbt und sein Gehörn fast vom Bast befreit. Der ältere Rehbock oben rechts auf der Seite ist noch nicht im Haarwechsel, hat aber vollständig verfegt.

Der Wechsel vom Winter- zum Sommerkleid vollzieht sich in der Regel von Ende April bis etwa Mitte Juni und dauert länger als der eher unauffällig stattfindende Wechsel zum Winterhaar im Herbst. Im Bergland verfärben die Rehe im Frühjahr etwas später als im Flachland. Die Ricke auf dem Bild unten habe ich am 30. April fotografiert. Gut zu sehen ist die Fülle des ausfallenden Haares, wenn sie sich schüttelt. Das Schmalreh auf dem Foto nebenan trägt noch etwas Winterhaar an der Schulter und den Flanken. Haupt, Träger und Läufe sind bereits ausgefärbt. Das entspricht dem typischen Verlauf des Haarwechsels zum Sommerkleid. Das Foto entstand am 16. Mai.

Zu dieser Zeit werden auch die ersten Kitze gesetzt, wobei der Höhepunkt der Anzahl der Geburten von Ende Mai bis Anfang Juni liegt. In der Setzzeit kehrt sich die Situation, die ich eingangs geschildert habe, um. Die Böcke, die im März die Ricken vor sich her getrieben haben, werden nun von diesen durch Droh- und Imponierverhalten eingeschüchtert. Sie dulden vor der Niederkunft die Böcke nicht in ihren kleinen Revieren. Die Gehörnten hingegen sind tolerant und sehen Überschneidungen ihrer Lebensräume mit denen der Weibchen gelassen. Wenig Toleranz zeigt das Rehwild hingegen, Ricken und Böcke gleichermaßen, in den Geburtenmonaten gegenüber den Rotfüchsen. Mehrfach konnte ich das beobachten.

Der Wechsel ins Sommerhaar ist fortgeschritten.

Eine Ricke verliert ihr Winterkleid. Beim Schütteln der Decke fallen die Haare in großer Menge aus.

Eines Tages, Ende Mai, sah ich zwei mausende Füchse auf einer Wiese. Ein gutes Stück entfernt äste eine beschlagene Ricke. Als sich einer der Freibeuter ihr auf etwa 20 Meter näherte, unterbrach sie die Nahrungsaufnahme und zog im Stechschritt auf ihn zu. Der Fuchs ließ sie bis auf wenige Meter an sich heran. Mit einem Sprung griff die Ricke dann den immer noch ausharrenden Freibeuter an. Der flüchtete mit Riesensätzen, um wieder ausreichend Distanz zwischen sich und die erregte Rehdame zu bringen. So schnell wie die Situation eskalierte, war sie allerdings auch wieder befriedet.

Rotfüchse sind potentielle Feinde des Rehwildnachwuchses. In den ersten Monaten nach der Geburt der Kitze attackieren die Ricken deshalb die Räuber bei jeglicher Annäherung. Die Reaktion der beschlagenen Ricke passte in dieses Schema. Das Schutzverhalten für den noch ungeborenen Nachwuchs war bereits ausgeprägt. Ähnlich, aber wesentlich dramatischer erging es einer Fähe, die an einem Vormittag mit vollem Fang über eine Wiese schnürte.

Sie wollte auf dem kürzesten Weg zu ihrem Bau, der sich gar nicht weit entfernt in einer winzigen Waldinsel befand.

Dabei wurde sie argwöhnisch von einem Bock beobachtet. Dem merkte man förmlich an, wie es in seinem Hirn arbeitete. Nach einem Moment der Unschlüssigkeit gab es für den Gehörnten kein Halten mehr. Mit unglaublicher Explosivität sprintete er auf die Fuchsdame zu. Die machte sich ganz lang und wurde schneller und schneller. Eisern behielt sie dabei ihre Beute im Fang. Der Bock holte auf, war schließlich so dicht dran, dass ich glaubte, die Fähe würde die Spitzen seiner Stangen zu spüren bekommen. Aber im entscheidenden Moment schlug sie einen Haken und verschaffte sich mit ihrer Wendigkeit wieder etwas Raum zu ihrem Verfolger. Der brauchte Zeit, um volle Fahrt aufzunehmen und der Fähe abermals ganz dicht auf den Pelz zu rücken. In Hasenmanier schlug die Fuchsdame dem Bock erneut ein Schnippchen und entging somit der finalen Attacke. Mit Bravour entkam sie auch den nächsten rasanten Anläufen des Bockes, sodass dieser letztendlich von ihr abließ. Inzwischen weit von mir entfernt, begann er zu äsen, als hätte es die wilde Jagd von eben nie gegeben.

Die Fähe verlor ich völlig aus den Augen. Bestimmt schnürte sie auf Umwegen zu ihren Welpen in die kleine Waldinsel im Wiesenland. Denn die Beute für ihren Nachwuchs behielt sie, so weit ich es sehen konnte, bis zuletzt im Fang.

Rehkitz, erst wenige Tage alt

Einige Wochen später begleiten die Kitze ihre Mütter.

Rehwildnachwuchs gab es in den Wiesen im Mai und Juni genug. Mehrfach konnte ich Ricken beobachten, die Zwillinge führten. Die neugeborenen Kitze bewegen sich anfangs vielfach in der „Froschlage" von ihrem Geburtsort weg. Sehr bald unternehmen sie Aufstehversuche, und nach wenigen Stunden können sie bereits die ersten Schritte, wenn auch steifbeinig und ungelenk, zurücklegen.

Einmal habe ich dabei die Fürsorge einer Rehmutter hautnah miterleben dürfen. Ich pirschte durch die Heide zu den Wiesen. Bevor ich jedoch freien Blick auf das Grünland bekam, entdeckte ich am Waldrand eine Ricke. Wie ein Vorstehhund verharrte sie im Gras, äugte auf ein winziges Etwas. Wie sich sehr schnell herausstellte, war es ihr Kitz, das vergeblich versuchte auf die Läufe zu kommen. Wenig später sah ich sein Geschwisterchen, das sich ebenfalls redlich mühte aufzustehen. Die Zwillinge mussten erst vor kurzem das Licht der Welt erblickt haben, denn nach knapp einstündiger Beobachtung verlor die Ricke ihre Nachgeburt oder zumindest einen Teil davon. Mit dem Lecker bearbeitete sie die Kitze ganz intensiv und gründlich. Man konnte regelrecht zuschauen, wie die patschnassen kleinen „Kerlchen" trocken wurden. Und sie schafften es auf die Läufe, zwar furchtbar wacklig, aber sie standen. Und stelzten sogar im hohen Gras umher, wenn auch nur ein paar Schritte. Während ich das Geschehen konzentriert verfolgte, baumte plötzlich ein Bussard in einer mächtigen alten Eiche dicht neben mir auf. Die Ricke nahm keine Notiz davon. Der Greif äugte nur einige Sekunden zur kleinen Familie da unten, dann hatte er mich erspäht. So flink wie er gekommen war, verschwand er wieder. Es dauerte nicht lange, da erschien erneut Besuch, abermals von oben. Kolkraben! Sofort fielen mir die Berichte aus der Fachpresse ein, in denen über Verluste und Schäden durch Kolkraben an Weidetieren bei der Freilandhaltung geschrieben wurde. Besonders in Mecklenburg-Vorpommern gab es einige Übergriffe. Die Raben attackierten gerade geborene Damwildkälber derart, dass sie verstarben. Bei der Nahrungsbeschaffung sind sie keineswegs zimperlich.

Die Raben über mir machten sich lautstark bemerkbar, überflogen mehrmals das Terrain. War es nur Zufall, dass sie gerade hier ihre Kreise zogen oder hatten sie tatsächlich den Nachwuchs der Ricke entdeckt? Die Antwort kenne ich nicht. Erstaunt aber hat mich die „Reaktion" der Rehmutter. Es gab gar keine, selbst als die Raben direkt über ihr krakeelten. Weder Haupt noch Lauscher bewegte sie in Richtung der im Gleitflug kreisenden Vögel. Ungerührt leckte sie die Kitze weiter trocken. Die Kolkraben schienen keine Gefahr zu sein. Da war ich weitaus mehr sensibilisiert, wohl nicht zuletzt aufgrund der schaurig anmutenden Berichte über die nach neuen Futterquellen suchenden schwarz gefiederten Heerscharen.

Der unsichere Stelzgang der Kitze verliert sich recht schnell. Schon nach zwei, drei Tagen sind sie viel sicherer auf den Läufen. Allerdings fehlt ihnen noch die Kraft für Ausdauerleistungen. Einem Instinkt folgend, legen sie sich deshalb in den ersten Lebenswochen viele Stunden täglich nieder, Zwillingskitze dabei in der Regel relativ weit voneinander entfernt. In dieser Zeit haben sie pro Tag nur etwa eine halbe Stunde Kontakt mit der Mutter.

Die Ricke verliert ihre Nachgeburt.

Das gerade geborene Kitz wird trocken geleckt.

Diese Verhaltensweise ist ein gut funktionierender Selbstschutz zur Arterhaltung. Die geringe Bewegungsaktivität und die zugleich stark herabgesetzte Eigenwitterung der Kitze mindern erheblich die Gefahr, dass sie durch Raubwild oder Raubzeug entdeckt und angegriffen werden. Die weißgefleckte Decke ist eine zusätzliche und hervorragende Tarnung.

Die Ricken bleiben immer in der Nähe ihrer Kitze und verhalten sich meist tapfer, wenn ihr Nachwuchs von Feinden bedrängt wird. Durch Schlagen mit den Vorder- und Hinterläufen verteidigen sie ihn gegen Angriffe. Die Kitze zeigen ausgeprägtes Fluchtverhalten erst drei bis vier Wochen nach der Geburt. Bis dahin drücken sie sich, auch wenn man unmittelbar an sie herantritt. Viele Menschen, die die Verhaltensweise der Kitze nicht kennen, glauben in solchen Fällen, dass die Jungtiere von der Mutter verlassen wurden und nehmen sich ihrer an. Ein verhängnisvoller Irrtum, durch den schon so manches Kitz seine Mutter verlor oder gar durch unsachgemäße Behandlung sterben musste.

Im Alter von vier bis fünf Wochen folgen die Kitze der Ricke dann ständig. Sie sind bemüht, so dicht wie möglich bei ihr zu sein. Aber sie werden auch zusehends unternehmungslustiger. Die Geschwistertiere spielen miteinander, und ganz bestimmte Verhaltenselemente wie Sichern, Drohen, Imponieren und andere, die für ihr späteres Leben von Bedeutung sind, werden nun geübt.

Ein großes Hirschrudel stürmt auf die Wiese.

Der „Wuchtige“ (rechts im Bild) ist dabei.

Kehren wir zurück zum „Wuchtigen“. Erst im Juni 2012 sahen wir uns wieder. Ich wollte zu den Getreidefeldern, um nach Hirschen zu schauen, und radelte am späten Nachmittag gerade an einer großen Wiese im Kiefernforst vorbei. Eben in diesem Moment stürmte ein riesiges Rotwildrudel vom gegenüberliegenden Waldrand hinaus auf die Fläche ins Sonnenlicht. Den überraschenden Anblick hielt ich natürlich sofort in Bildern fest. Noch überraschender war für mich allerdings das Verhalten des kopfstarken Hirschtrupps, in dem sich sogar einige Rottiere befanden. Wahrscheinlich eine zufällige Vergesellschaftung, die sich in der Regel schnell wieder auflöst. Der gewaltige „Schwarm“ Rotwild verließ entgegen meiner Annahme die Wiese nicht, sondern begann nach einer Ehrenrunde auf der Fläche zu äsen. Jetzt hieß es für mich, jede Deckung zu nutzen und in „Stellung“ zu gehen. Die unendlich vielen Lichter würden mir keine unvorsichtige Bewegung verzeihen. Zum Glück wehte der Wind weg vom Wild. Jetzt lag es an mir, aus der Situation etwas zu machen. Es gelang, und das völlig problemlos. Wahrscheinlich hat mir da auch die große Vertrautheit des Wildes geholfen. Im Rudel befanden sich einige bessere Hirsche und auch einer mit ganz schwarzen Geweihstangen. Bis heute habe ich keine Erklärung für die Ursache einer solchen Färbung des Bastes in der Fachliteratur gefunden, und mir selbst fällt dazu ebenfalls nichts ein.

Im Rudel äst ein Hirsch mit schwarzen Baststangen, ein Phänomen, das hin und wieder zu beobachten ist.

Der „Wuchtige“ (Bildmitte) bleibt bis zum Abend mit seinem Rudel auf der Waldwiese.

Einer der besseren Hirsche, wenn nicht der beste (sprich der stärkste), war der „Wuchtige“. Seine mächtigen Stangen und links das deutlich zur Seite wegstehende untere Kronenende fielen sofort auf. Rechts schien er dieses Jahr das untere Ende der Krone höher anzusetzen, nicht ganz so symmetrisch wie die Jahre zuvor. Der ungerade 16-Ender hielt mit dem Rudel auf der saftigen Wiese aus, bis die Abendsonne ihre leuchtende Kraft verlor. Erst dann zog das ganze Rotwild ab, genau wie ich – mit hunderten Bildern auf der Speicherkarte meiner Kamera.

Dieser unerwarteten Begegnung Anfang Juni 2012 folgte kein Happy End. Ich sah den „Wuchtigen“ nicht mehr.

Die Hirschbrunft erlebte ich zum Großteil an der Küste. Ende September kehrte ich zurück und erfuhr von der Erlegung eines „Goldmedaillenhirsches“ in meinem Lausitzer Pirschrevier. Der Jagdaufseher eines Pächters hatte den Hirsch am Abend des 19. September 2012 gestreckt. Eine Stunde vielleicht saß er auf der hohen Kanzel an einer kleinen Wiese in einem Laubwaldflecken. Dann wechselte ein Rottier mit seinem Kalb links von ihm aus dem Erlwald, zog über die Wiesenecke und verschwand sofort wieder in dem inzwischen düsteren Bestand. Sekunden später, der Weidmann war schussbereit, folgte der Hirsch. Ein unglaublicher Brocken mit einem Haupt wie ein Bär und Stangen jenseits von Gut und Böse. Auf den 20 Metern unten im Wieseneck musste es passieren. Und schon schoss er aus allernächster Nähe. Der Schuss saß auf dem Blatt. Er sah den Recken zeichnen und in das dunkle Holz einbrechen. Es polterte nur noch kurz, dann folgte ein schwerer Fall – aus und vorbei!

Die rote Arbeit und die Bergung des Kapitalen kostete Kraft. Und doch spürte der Weidmann die Mühen kaum, beseelt vom Jagderfolg. Niemals im Leben wäre er daraufgekommen, dass der Hirsch das Erntealter nicht erreicht haben könnte. Neun Jahre alt, so das sicher richtige Urteil auf der Trophäenschau der Hegegemeinschaft. Fazit: Fehlab-

Die Trophäe des „Wuchtigen“. Der Hirsch wurde am Abend des 19. 9. 2012 erlegt.

schuss und eine Jagdsperre für Hirsche der Altersklasse 4 im nächsten Jahr.

Der viel zu frühe Tod des „Wuchtigen“ ist in der jagdlichen Praxis leider kein Einzelfall, ganz im Gegenteil. Dem Schützen, den ich persönlich gut kenne, sollte man eine unlautere Absicht nicht unterstellen. Die überaus massige Statur des Hirsches, sein mächtiges Haupt und das starke Geweih ließen ihn älter erscheinen als er war. Die Zeit für ein gewissenhaftes Ansprechen stand nicht zur Verfügung. Also Hahn in Ruh – das wäre die logische Konsequenz gewesen. Sie nicht umzusetzen, kann man kritisieren. Im Nachhinein ist es natürlich einfach, so zu urteilen. Die Situation ist aber alles andere als einfach. Wenn der Puls bis zum Hals schlägt und einen das Adrenalin durchschüttelt, ist es schwierig, klaren Kopf zu behalten und binnen Sekunden die richtige Entscheidung zu treffen. Auch das ist Jagd und macht die Jagd aus, auch wenn uns diese Seite nicht so gefällt.

Trophäenbewertung

	links	rechts
Länge der Stangen	101,00	99,00
Länge der Augsprossen	39,00	39,00
Länge der Mittelsprossen	35,40	36,00
Stangenumfang unten	17,70	17,50
Stangenumfang oben	16,20	16,40
Umfang der Rosen	30,00	30,00
Anzahl der Enden	8	7
Masse des Geweihes	8,75 kg	
Auslage	3	
Krone	6,5	
Perlung	0,5	
Farbe	1	
Spitzen der Enden	1,5	
Eissprossen	2	
Gesamtpunktzahl (CIC Formel)		**213,47**

PARADIES AUF ZEIT

Das große Rendezvous der Hirsche in der Feldmark begann im Juni 2015. Da sah ich die ersten kleineren Hirschtrupps in einem riesigen Rapsfeld am Südrand der Rochauer Heide. Die Ölpflanzen waren zwar hoch gewachsen, aber nicht zu hoch. Die Geweihe der Hirsche schauten, wenn sie äugten und sicherten, bis zu den Augsprossen heraus. Das gab mir die Hoffnung, in der Rapsreife noch viel mehr von den Feldbesuchern sehen zu können. Denn dann verfärbt sich der Pflanzenwald mit fortschreitender Zeit nicht nur von grün zu gelbbraun, er verliert auch an Höhe, sinkt ein wenig in sich zusammen. Die Kreuzblütengewächse werden trockener und die vielen Samen in den Schoten ganz schwarz. Ein Paradies auf Zeit für die Hirsche und natürlich auch für mich als Wildfotograf. Die Landwirte haben dazu naturgemäß eine ganz andere Ansicht. So ist das im Leben: „Was dem einen sin Uhl, ist dem andern sin Nachtigall." Was dem einen nicht gefällt, kann ein anderer durchaus mögen. Die Geschmäcker sind eben verschieden, obwohl es hier keineswegs nur um den Geschmack geht. Bei den Hirschen neben vortrefflicher Deckung aber bestimmt. In der Vergangenheit, konkret bis zum Jahr 2013, konnte ich davon ausgehen, dass mit dem Hochwachsen von Roggen, Raps und Mais viele Hirsche ihre Einstände vom Wald in die Felder verlegten, zumindest für einige Tage oder Wochen. 2014 war alles anders. Obwohl große Flächen mit Roggen und Raps bestellt waren, ließen sich die Hirsche so gut wie nicht blicken. Ich weiß nicht mehr wie oft ich in dem Jahr mit meinem Mountainbike zur Feldmark gefahren bin, gefühlt sicher unzählige Male. Stundenlang schaute ich über die Felder, aber nirgendwo tauchte ein Geweih aus den wiegenden Halmen des Getreides oder dem klammernden Rapsgestrüpp. Nur ein einziges Mal sah ich im Roggen ein kleines Rudel Junghirsche. Die auffällige und untypische Abwesenheit der Hirsche bestätigten mir auch andere Beobachter. Die Verhaltensweisen des Wildes hatte sich schon im Winter vielerorts verändert. Alteingesessene Einstände wurden kaum noch über mehrere Tage aufgesucht, blieben oft verwaist. Beim Äsen fiel das hektische, äußerst

Junger Wolf am Rand eines Maisfeldes, das ihm als Tageseinstand dient.

sensible Benehmen der Tiere auf. Ohne das Thema jetzt zu vertiefen, hier spürte und fühlte man allerorts die Präsenz des Wolfes. Das Spurenbild, das die grauen Räuber im Winter im Schnee hinterließen, bewies es.

Im Februar und März 2014 wurden nur noch ganz wenige Abwurfstangen von Landwirten, Waldarbeitern, Förstern und den „professionellen" Suchern gefunden. Die Hirsche schienen in alle Welt verstreut. Stangenfunde bekannter Recken, viele Kilometer entfernt vom ehemaligen Einstandsgebiet, untermauerten diese Annahme. Die rasante und für mich als Wildfotograf äußerst negative Entwicklung schien sich im Jahr 2015 fortzusetzen, denn im Spätwinter und Frühjahr hatten die Abwurfstangensucher erneut „Saure-Gurken-Zeit". Umso erfreulicher war dann die fast stete Gegenwart der Bastgeweihten in den Monaten Juni und Juli. Sie fühlten sich im Raps pudelwohl und zogen oft in das angrenzende Roggenfeld. Dort schauten ihre Häupter weit heraus und boten mir allerbeste Motive. An manchen Tagen beobachtete ich bis zu 25 Geweihte, die einzeln und in Rudeln in der Feldmark einstanden und ungestört ihren Tagesrhythmus lebten.

Basthirschrudel im blühenden Raps (Mai 2015) in Mecklenburg-Vorpommern.

Der Raps wird reif, erst gelb, dann braun. Den gefiederten Sänger stört das nicht. Er trällert sein Lied mit Inbrunst und Leidenschaft.

Um auf das eingangs zitierte Sprichwort zurückzukommen, den „Uhl" hatten bei dieser Konstellation die Landwirte, mussten sie doch Verluste beziehungsweise Schäden durch die Hirsche in Kauf nehmen – Schäden durch das Ziehen und Wechseln, Spielen und Toben, durch das Ruhen und natürlich durch die Nahrungsaufnahme, 24 Stunden am Tag – und das über Wochen. Mir hingegen bescherten die Hirsche nicht nur interessante Fotos, sondern manch aufregendes Erlebnis. Das eine oder andere Mal brauchte es aber gehörig Geduld und ein kleines Quäntchen Glück. So verdankte ich eines Tages, es war der 12. Juli, nur meiner Hartnäckigkeit den Basthirschanblick im Raps. Den ganzen Morgen sah es danach aus, als hätte ich den langen Weg, die vielen Kilometer mit dem Fahrrad bis vorn ans Feld, umsonst gemacht. Denn seit dem Morgengrauen bis in die achte Stunde des jungen Julitages tauchte kein einziges Bastgeweih aus dem riesigen Schlag. Er blieb leer, und scheinbar waren die Hirsche über Nacht ausgewechselt, waren in den Wald gezogen, vielleicht dorthin, wo die schlammigen Suhlen und die finsteren Fichtenhölzer Kühlung versprachen. Aber dann kam doch noch alles anders als gedacht. Bereits auf dem Zweirad sitzend und startklar für die Heimfahrt, schaute ich ein letztes Mal über die riesige Flur, die vollkommen reglos in der Frühsonne lag. Ich hatte mich fast schon abgewandt, da ruckten ganz weit fort die Kronen eines Hirsches aus den gelbbraunen Ölpflanzen, hielten aus und bekamen Sekunden später Gesellschaft. Es wurden immer mehr Bastgeweihe, wie eine lange Schnur, schon ein wenig unscharf ob des flimmernden Lichtes und der großen Entfernung. Fast einer Fata Morgana gleich bewegten sich die Gebilde nun zielstrebig dem Feldrand zu. Dort befand sich ein Graben, halbmeterhoch mit Wasser gefüllt und tief eingeschnitten mit steiler Böschung. Auf der anderen Seite wuchs Mais, noch gut überschaubar und grün im Halm. Wollte das Rudel dorthin? Jetzt hieß es handeln und schnell sein. Kräftig trat ich in die Pedale, fuhr den holprigen Feldweg südwärts, vorbei an den ersten Gehöften des kleinen Dorfes und schwenkte dann nach Westen ein auf den Weg zum Maisfeld. Zwischen dem Mais und dem Raps stand eine geschlossene Kanzel am Graben, nur drei oder vier Meter hoch, aber hoch genug, um von dort aus die Hirsche fotografieren zu können. Dorthin wollte ich, dorthin musste ich, um eine Chance zu haben.

Eilig durchschritt ich die paar Meter im Mais, erreichte den Graben genau gegenüber der Kanzel. Zu meinem Glück konnte ich da durch einen gewagten Sprung das halbmetertiefe Wasser mit dem ockerfarbenen Grund überwinden.

Streitigkeiten während der Bastzeit tragen die Hirsche mit den Vorderläufen aus.

Dann hatte ich es fast geschafft. Die Böschung wieder hinauf, die Sprossen der Kanzelleiter in Sekundenschnelle erklommen, die Tür geöffnet, und ich war am Ziel. Da sah ich sie, noch 80 Meter entfernt im Raps. Ihre Geweihe schwankten beim Äsen wie Gras im Wind und längst nicht so frei vom Pflanzengewirr, wie ich es mir wünschte. Sie wollten scheinbar gar nicht zum Graben und zum Mais, sondern begnügten sich mit dem Angebot in ihrem Einstand. Jetzt erst bemerkte ich, dass der Wind überhaupt nicht passte. Er stand genau auf das äsende Rudel zu. Ich schloss die Kanzeltür – Schadensbegrenzung! Das konnte nicht gut gehen, aber es war zu spät. Was ich in den hektischen Momenten gar nicht begriff, ich hatte Glück im Unglück. Die mit dem Objektiv der Kamera herangezoomten äsenden Hirsche boten alles andere als fotogene Motive. Kein Haupt, kein Geweih bekam ich ordentlich frei. Der Raps war zu hoch oder die Hirsche zu klein. Und dann kam der Wind ins Spiel. Gott sei Dank in Maßen, sozusagen Stück für Stück. Einer reckte verunsichert sein Haupt aus dem Raps, dann noch einer, ein dritter hörte auf zu äsen, um den Wind zu prüfen. Immer mehr machten nun lange Träger, äugten zur Kanzel und von ihr weg. Jetzt gab es unerwartet den Anblick und die Motive, die ich mir gewünscht hatte. Ohne den Wind als Helfer hätte ich wohl keine Chance auf gute Bilder gehabt. Was mich wunderte, die Hirsche machten die scheinbare Gefahr zwar aus, aber sie reagierten ausgesprochen unschlüssig. Es dauerte sehr lange, bevor sich der erste abwandte und tiefer ins Feld schritt, zögerlich gefolgt von den anderen. Kaum 200 Meter entfernt beruhigte sich die Situation wieder und einige tauchten ab, ließen sich nieder zum Wiederkäuen. Andere ästen weiter, im flimmernden Licht der schnell aufsteigenden Julisonne, die in der neunten Morgenstunde erbarmungslos auf das weite Feld brannte.

Wie oft habe ich das erlebt. Die Hoffnung auf Anblick bei der Pirsch oder dem Ansitz ist längst aufgegeben, ist keinen Pfifferling mehr wert, da plötzlich überschlagen sich die Ereignisse. Plötzlich erfüllen sich die Erwartungen, übertreffen mitunter sogar die Träume und Vorstellungen, die man mit dem geplanten Besuch im Revier zuvor verband. Auch hier war es so. Einige Fotos von den Hirschen im Raps sind für den Jagdpächter durchaus interessant und geeignet gewesen, um die Geweihten hinsichtlich ihres Alters anzusprechen. Nun wusste er wenigstens, wer sich da so in der Feldmark seines Jagdreviers tummelte und gütlich tat.

Drei Tage später wartete ich wieder am Rapsfeld. Geschlagene neun Stunden dauerte es, bis ich den Basthirsch, der auf den Seiten 50 und 51 zu sehen ist, auf die Speicherkarte der Kamera bannen konnte.

Greifvögel patrouillieren über dem Raps.

Das große Rapsfeld, der Tageseinstand der Basthirsche, am frühen Morgen

Es ist übrigens der Hirsch, der unten im Bild auf dieser Seite ganz rechts steht. Ich hatte mich erst am späten Vormittag aufgemacht, um an dem großen Rapsfeld einen kleinen Sitz zu beziehen. Dahinter befanden sich eine Waldinsel und ebenfalls ein Graben mit Schilf bestandenem Ufer, breitem schlammigen Grund und an manchen Stellen so trocken, dass das Rot- und Schwarzwild Suhlen schlagen konnte. In dem Wäldchen stockten vorwiegend Birken und Eichen und darunter mancherorts eine mehr als nur dichte Strauch- und Krautschicht. Ein kühler Einstand, so recht gemacht für glutheiße Sommertage. Das Wetter passte, präsentierte sich stark bewölkt. Wäre der Himmel blau und blank mit glühend heißem Sonnenball gewesen, hätte ich meine Kamera gleich zu Hause lassen können. Bei grellem Sonnenlicht

Der Hauch menschlicher Witterung verunsichert die Hirsche im Rapsfeld.

Das Rapsfeld wird von einem Wassergraben flankiert. Rechts davon wächst Mais. Hier fällt dem Wolf das Jagen auf Reh- und Rotwild schwer, da das Gelände unübersichtlich ist.

bekommt man kein vernünftiges Foto zustande. Aus kurzer Distanz gelingt vielleicht noch ein „Schlagschattenbild" mit hohem Bedarf an Nachbearbeitung. Auf größere Entfernung aber bleiben nur Matsch und Unschärfe.

Bereits auf der Fahrt durch den Kiefernforst zum Rapsfeld hatte ich wider Erwarten Rotwildanblick. Etwas ungewöhnlich fand ich die Zusammensetzung der Rudel schon, denn in beiden, die ich beim Wechseln über die Gestelle beobachtete, befanden sich Rottiere und mittelalte Geweihte. Und auch im Rudel der Hirsche im Raps drei Tage zuvor beobachtete ich zwei Tiere. In früheren Jahren bedeutete so ein Anblick die absolute Ausnahme. Sind diese Veränderungen der Anwesenheit von Wölfen geschuldet? Oder sind es Zufälle, die diese ungewöhnlichen Vergesellschaftungen verursachen? Im Raps fühlen sich die Hirsche und natürlich auch die Rottiere bestimmt vor den Wölfen sicher, denn das klammernde Gestrüpp lässt keine erfolgreiche Beutejagd zu. Es ist nicht nur der für die Fortbewegung hinderliche, schwer zu durchdringende Stängeldschungel, es bietet sich auch keinerlei Übersicht für den grauen Räuber. Die Sicht ist gleich Null, und nur der Nase nach solch wehrhafte Gegner anzugreifen wäre ein mehr als zweifelhaftes Unterfangen.

Nachdem ich den Sitz zu dieser eher trüben Vormittagsstunde erklommen hatte, entdeckte ich weit entfernt im Raps zwei schwankende Geweihe. Die Entfernung zu den äsenden Hirschen war alles andere als perfekt. Also hieß es warten und hoffen, dass viel näher zum Sitz irgendwo ein paar Baststangen auftauchten, vielleicht gar nicht aus dem Raps, sondern aus dem Roggen. Der grenzte ja an den Ölpflanzenschlag und beanspruchte eine ähnlich große Fläche. Gerade dort, wo Roggen und Raps aufeinander trafen, hielten sich die Hirsche ganz gern auf. Ruhen und ziehen im Getreide und äsen an der Rapskante hieß des Öfteren die Devise. Aber da ruhte scheinbar keiner, denn auch nach zwei Stunden rührte sich nichts. Ganz unerwartet stand nach einer weiteren halben Stunde aber doch einer auf, ähnlich weit entfernt wie die beiden, die ich im Raps äsen sah. So plötzlich wie das Haupt des Hirsches erschien, verschwand es auch wieder. Also übte ich mich in Geduld und wartete. Ich kann es nicht verhehlen. Langeweile stellte sich ein, da nichts mehr passierte, absolut nichts. Weder im Roggen noch im Raps gab es Bewegung, und auch an der Grabenkante rechts und links von meinem Leitersitz gab es keinen Anblick, der Abwechslung versprach. Selbst die Piepmätze schienen eingeschnappt und glänzten mit Abwesenheit.

Trotzdem hielt ich aus, immer in der Hoffnung, dass ich noch die eine Chance bekommen würde. Da blieb natürlich Zeit zum Sinnieren, Gedanken nachzuhängen und zu träumen.

Nah am Dorf stehen die Hirsche im Roggen und Raps ein. Gern halten sie sich dabei im Grenzbereich beider Felder auf. Und auch Isegrim hat mit der Nähe menschlicher Siedlungen kein Problem.

Ein Vierteljahrhundert ist es her, als ich auch hier an diesem Graben stand. Über dem Roggen thronte halb verdeckt das mächtige Geweih eines ungeraden 34-Enders. Der Ausnahmehirsch, den ich in meinem Buch „Auf der Fährte der Hirsche" beschrieben habe, zog um die Mittagszeit allein zu dem Graben, um in dessen fast ausgetrocknetem Grund zu suhlen. Damals war der Roggen viel höher, höher als die heute gezüchteten Sorten, und auch der Graben und seine Ufer waren ein einziger Dschungel aus Röhricht. Da gab es nichts zu fotografieren, kaum etwas zu sehen, aber viel zu hören. An so manche Begebenheit hier am Feld erinnerte ich mich, vertrieb mir damit die Langeweile des Wartens. Die kommt unweigerlich auf, denn Natur genießen ohne Unterlass geht nun mal nicht. Mir ist diese Eigenschaft zumindest nicht gegeben.

Am frühen Abend wusste ich schon gar nicht mehr, warum ich hier überhaupt noch saß. Die drei Hirsche, die ich bisher gesehen hatte, schienen die einzigen im Feld zu sein und verhielten sich wie richtige Feisthirsche, wie Gespenster, die unsichtbar sind. Mit dem hereinbrechenden Abend stieg die Hoffnung auf Anblick wieder. Vielleicht zog Wild aus der Waldinsel oder kam von drüben aus dem Hochwald? Keine Regung – und dann plötzlich doch! Der Geweihte, der im Roggen saß, erhob sich. Und dann gab es nach vielen Stunden Muße, teilweise auch Tristesse, nur noch Hektik. Der Hirsch setzte sich in Bewegung, zog schnurstracks Richtung Waldinsel und Graben, unglaublich zielstrebig, unglaublich schnell. Doch er hielt nicht auf meinen Sitz zu, sondern auf die Nordwestecke der Waldinsel. Bis dahin waren es bestimmt 300 Meter. Die musste ich zwischen Roggen und Uferdschungel des Grabens zurücklegen. Das war schweißtreibend, ich schaffte es nicht. Der Hirsch hatte den Roggen bereits durchquert. Stand er schon unten im Graben, wollte er suhlen? Kein Laut drang zu mir herüber. Ich verlangsamte meine Bewegungen wie ein Chamäleon. Jetzt nur keinen Fehler machen. Es dauerte, bis ich das Bett des Grabens erreichte. Jetzt bot sich ein wenig Sicht, den schnurgeraden Verlauf des Rinnsals entlang. Kein Hirsch, keine Bewegung! Saß der Geweihte im Schlamm? Ausharren, lauschen – Stille! Ich musste etwas tun. Zum Glück hatte ich hohe Stiefel an und erreichte so unbeschadet die andere Seite des Grabens. Mit größter Vorsicht stieg ich das Ufer wieder hinauf und lugte durch den Saum der Büsche auf die Wiese, die wie eine kleine Bucht von der Waldinsel umschlossen wurde. Nichts! Wo war der Hirsch geblieben? An der Nordwestseite der Wiese befand sich ein Schutzgatter für eine neue Aufforstung in der Waldinsel. Das reichte bis ans Grabenufer und stellte somit einen Zwangswechsel

dar. Der Hirsch vor mir stand also entweder im Graben oder irgendwo am Rand der Wiese. So sehr ich mich auch bemühte, ich konnte ihn nirgends entdecken. Jetzt hieß es einfach warten. Intuitiv wusste ich, dass ist heut meine einzige und letzte Chance. Wenn du die versaust, sind die Mühen des ganzen Tages umsonst gewesen. In solchen Situationen gilt es, auch wenn es schwer fällt, unbedingt Ruhe zu bewahren. Die kleinste Unachtsamkeit kann alles verderben. Eine gefühlte Ewigkeit hockte ich am Wiesenrand. Jede Kopfdrehung vollzog ich in Zeitlupe, um in der Totenstille des sin-

Der äußerst vorsichtige Basthirsch verlässt seine Deckung.

kenden Lichtes das vor mir liegende Gelände Zentimeter für Zentimeter in Augenschein zu nehmen. Der Holunderbusch am Grabenufer, nur 50 Meter entfernt, ließ mich stutzen. Ein heller dicker Ast passte da nicht hin. Der Hirsch! Er stand am Gatterzaun direkt hinter dem Gebüsch und sicherte scheinbar auf die Wiese. Dann tat er einen Schritt nach vorn, nur einen. Auch jetzt sah ich nicht viel mehr von ihm. Aber nun wusste ich, erst wenn sich die personifizierte Vorsicht hinter dem Holunderbusch entschloss, die Deckung zu verlassen und sich dann wirklich vertraut benahm, konnte ich ans Fotografieren denken. Keine Sekunde eher. Endlich hatte der Recke seinen Rundum-Check abgeschlossen, zog den Gatterzaun entlang, hielt kurz inne und schwenkte zur Wiese ein. Jetzt kam mein Part. Fast problemlos „schoss“ ich eine Serie von dem Hirsch, den ich in der Feldmark schon mehrfach hatte ansprechen können. Allerdings befand er sich da immer in Gesellschaft mit anderen Geweihten. Das Grünland ohne jeden Schutz schien dem sensiblen Hirsch nicht geheuer. Er wollte gar nicht äsen, sondern hinüber in das Dunkel der Waldinsel. Dort konnte er eintauchen und verschwinden, unsichtbar bleiben bis zur schwarzen Stunde. Immer raumgreifender wurde sein Troll, leicht federnd, unglaublich elegant. Die Abendstimmung über diesem herrlichen Fleckchen Erde bot für die beeindruckenden Bilder den malerischen Hintergrund. So etwas bleibt im Gedächtnis, für lange Zeit.

Der Hirsch wechselt im Troll über die Wiese.

„Gerahmt" im Raps: Ein seltener Moment mit einem Motiv, das es festzuhalten lohnt.

Auf den Fotos wird diese Stimmung nur im Ansatz wiedergegeben, da Kamera und Teleobjektiv natürlich nur den davoneilenden Hirsch festhalten. Den Recken zu konterfeien war ja mein erklärtes Ziel. Und so kam ich gar nicht auf die Idee zurückzuzoomen, um mehr von diesem Abendzauber einzufangen, so toll ich ihn auch empfand. Man kann eben nicht alles haben. Der Heimweg durch den finsteren Forst fiel mir nicht schwer. Als ich dann zu Hause am Bildschirm des Computers die gelungene Fotoserie betrachtete, freute ich mich, dass ich so lange im Feldrevier geblieben war. Eines wurde mir mit Blick auf die Aufnahmedaten der Bilddateien sofort bewusst, hier hatten meine neue Kamera und das neue Objektiv ganze Arbeit geleistet.

Vor zehn Jahren, im Frühsommer 2005, verabschiedete ich mich von meiner analogen Fototechnik und kaufte mir eine digitale Ausrüstung. Es war wohl mehr Zufall als alles andere, dass ich mich damals für ein Spiegelreflexmodell von Canon entschied. Entsprechend der ziemlich rasanten Entwicklung auf dem Markt legte ich mir immer wieder die aktuellen Fotoapparate zu, allerdings nicht die der Profiklasse. Das wäre meinem Geldbeutel auf Dauer übel bekommen. Die mittlere Preisklasse, das heißt die semi-professionellen Kameras mit den zweistelligen Nummern, wie die 40D, 50D, 60D und 70D, genügten meiner Ansicht nach den Anforderungen. Kombiniert mit Objektiven des mittleren Telebereiches, konkret waren es eine 300-mm-Festbrennweite und ein 400-mm-Zoomobjektiv, die ebenfalls im mittleren Preissegment lagen, stand mir eine Ausrüstung zur Verfügung, die mich in die Lage versetzte, absolut überzeugende Fotos vom Rotwild und natürlich auch von anderen Wildtieren zu machen. Die kleinen Aufnahmesensoren der Kameras, das sogenannte APS-C-Format, bewirken eine Vergrößerung des Abbildungsmaßstabes der fotografierten Motive. Bei den Canon-Kameras beträgt dieser Vergrößerungseffekt, der Cropfaktor, das 1,6 fache im Vergleich zum analogen Kleinbildformat. Bei zusätzlicher Verwendung eines Konverters mit 1,4-facher Vergrößerung ergaben sich somit nutzbare Brennweitenbereiche von 480–960 mm. Besonders die Brennweiten ab 800 mm aufwärts sind für Aufnahmen in der freien Wildbahn interessant. Die konnte ich aber nur mit dem 400-mm-Telezoom von Canon und dem dazwischen montierten Konverter erreichen. Sichtbare Bildschärfeverluste und eine relativ geringe Lichtstärke waren die unerfreuliche Folge. Lediglich bei optimalen Bedingungen, vor allem tagsüber, gelangen sehr gute Fotos, ansonsten fehlte vielfach die Brillanz und die detailreiche Zeichnung. Aus diesem Grund kombinierte ich vorwiegend den Konverter mit der 300-mm-Festbrennweite und benutzte das 400-mm-Telezoom „solo". Die höhere Auflösung der Teleobjektive mit festen Brennweiten ist besser für den Konvertereinsatz geeignet, da die Bildqualität nicht so gravierend leidet. 1000 € und mehr muss man aber in der Regel für solche Objektive schon ausgeben. Diese für mich optisch erstklassige Variante ergab jedoch nur eine Festbrennweite von 670 mm. Als Anfang des Jahres 2014 der japanische Objektivhersteller Tamron ein Telezoom mit dem Brennweitenbereich 150–600 mm auf den Markt brachte, horchte ich auf. Immerhin bedeutete das umgerechnet auf die Analogfotografie an meinen Canon-Kameras ohne Verwendung des Konverters eine Brennweite von 240–960 mm. Als dann im Verlauf des Jahres immer mehr Nutzer und auch Fachzeitschriften die Bildleistung des Objektivs positiv kommentierten, entschloss ich mich endlich im Spätherbst zum Kauf. Vergleichbare Profiobjektive kosten in der Regel ab 6000 € aufwärts und haben das doppelte bis dreifache Gewicht. Das Tamron bekommt man schon für ungefähr

1000 €, ein unschlagbarer Preis bei dieser Qualität. Natürlich sind die um vieles teureren Profiobjektive lichtstärker und hinsichtlich der Brillanz und Bildauflösung noch einen Tick besser. Aber mich überzeugte das Tamron. Sehr wohl wusste ich auch das relativ geringe Gewicht des Objektivs von knapp zwei Kilogramm zu schätzen. Mit der Kamera wiegt die Ausrüstung demzufolge etwa drei Kilogramm. Die sind über weite Strecken problemlos zu tragen, zumindest wenn man ein wenig trainiert ist.

Zur Hirschbrunft 2014 fotografierte ich noch mit meinen Canon-Teleobjektiven, danach ausschließlich mit dem Tamron. Die Kombination Canon-Kamera 70D plus Tamron SP 150–600 mm F/5-6.3 Di VC USD schien meinen Bedürfnissen auf den Leib geschnitten. Zur damaligen Zeit hielt ich diese Ausrüstung hinsichtlich Flexibilität, Handhabung und Leistung für nahezu unschlagbar. Einziger Wermutstropfen war die recht erhebliche Ausschussquote an Fotos, wenn ich – und das kam ziemlich oft vor – Belichtungszeiten von 1/100 bis 1/200 Sekunde frei Hand verwendete. Die „Wackler" konnte ich trotz aller Bemühungen und steter Übung einfach nicht eliminieren.

Steht das Getreide hoch im Halm, sind gute Fotos von den Hirschen nur in den Arbeitsspuren möglich. Erst wenn es reif wird, Regen und Wind ihre Arbeit getan haben, sinken die Ähren herab. Dann schauen in einigen Feldpartien die Häupter der Hirsche weit aus dem Halmenmeer heraus.

Anblick in der Arbeitsspur des Roggenfeldes

Der Roggen beginnt zu reifen, die Hirsche äugen über die wogenden Halme hinweg.

Es gibt ja eine Faustregel für Freihandaufnahmen, die besagt, dass man als Belichtungszeit den Kehrwert der verwendeten Brennweite wählen muss, um damit einwandfrei scharfe Fotos zu erzielen. Das heißt, dass ich beim Einsatz des Tamrons im maximalen Brennweitenbereich von 600 mm, die umgerechnet auf das Kleinbildformat 960 mm bedeuten, sage und schreibe wenigstens 1/1000 Sekunde als Belichtungszeit einstellen müsste. Dies wiederum hätte zur Folge, die ISO-Empfindlichkeit – sprich die Lichtempfindlichkeit des Bildsensors – auf Werte anzuheben, bei denen Bildrauschen und Detailverluste in der Bildzeichnung nicht nur unvermeidlich, sondern in ihrer Auswirkung unvertretbar gewesen wären. Also blieb vorerst nur, wenn auch zähneknirschend, den Ausschuss durch „Wackler" in den lichtärmeren Tagesstunden (also früh und abends) zu akzeptieren. Insgesamt gesehen überwogen ja die Vorteile des neuen Systems gegenüber den vorhergehenden Varianten immerhin deutlich.

Der Zufall wollte es, dass ich im Frühsommer 2015 in einem Internetforum Lobeshymnen zum neuen Rauschverhalten der Nikon-Kamera D7200 las. Die war erst im März 2015 auf den Markt gekommen und wurde als das Flaggschiff der Kameras im APS-C-Format von Nikon bezeichnet. Ich gebe zu, es ist mir nicht leicht gefallen, aber ich ging das Risiko ein und kaufte mir den etwa 1000 € teuren Boliden und das entsprechende Tamron-Objektiv mit Nikonanschluss dazu. 2000 € Investition ins Ungewisse? Im Frühsommer 2015 pirschte ich auf die Basthirsche an der Ostseeküste sicherheitshalber mit meiner Canon-Ausrüstung. Die Verwendung der gerade erst angeschafften Nikon-Kamera erschien mir aufgrund der fehlenden Übung und Praxis zu riskant. Wieder daheim, setzte ich dann aber ausschließlich die D7200 mit dem Telezoom von Tamron ein. So entstand auch die Bildserie vom Basthirsch, der in den Abendstunden vom Roggen kommend über die Wiese an der Waldinsel wechselte, mit dem Nikon-System. Ich fotografierte durchweg mit 1/125 Sekunde und den recht hohen Lichtempfindlichkeiten von 2000 bis 4000 ISO. Fast kein Ausschuss bei relativ langen Belichtungszeiten frei Hand war nicht der einzige „Aha-Effekt", mit dem mich die Nikon-Tamron-Kombination überraschte. Die Nikon D7200 löste im Normalmodus fast genau so leise aus wie die Canon 70D im „Silent-Modus", der das Auslösegeräusch gedämpfter wiedergibt. Somit „schießt" die Nikon D7200 sechs bis sieben Fotos in der Sekunde und die Canon 70D nur drei Fotos bei etwa gleicher Lautstärke der Auslösung. Ein möglichst leises Auslösegeräusch beim Fotografieren ist für mich übrigens ein „absolutes Muss" und ein ungeheurer Vorteil gegenüber den herkömmlichen Techniken mit ungedämpftem Verschluss.

Nikon hat in der D7200, die den semiprofessionellen Kameras zuzuordnen ist, das sogenannte Autofokus-Modul „Multi-CAM 3500 II“ verbaut. Es besitzt 51 Fokusmessfelder mit 15 Kreuzsensoren und reagiert selbst bei sehr schlechten Lichtverhältnissen zuverlässig. Nicht unerwähnt bleiben darf, dass man aufgrund des weiter verbesserten 24-Megapixelsensors der D7200 extreme Bildausschnitte extrahieren kann, die sichtbar kaum Qualitätseinbußen erkennen lassen. Das eröffnet unter anderem vielfältige Möglichkeiten für die Bildgestaltung.

Warum die Nikon im extremen Brennweitenbereich relativ verwacklungsfrei mit viel längeren Belichtungszeiten arbeitet als die Canon, kann ich nicht schlüssig beantworten. Liegt es am besseren Handling bei der Bedienung des Auslösers? Sind die Vibrationen des Spiegelschlages während der Aufnahmen geringer? Ich weiß es einfach nicht. Entscheidend für mich sind die konkreten Ergebnisse. Für meine speziellen Anforderungen ist das Nikon-System geeigneter, zumal die Bildqualität der Nikon-Kameras dieser Generation prinzipiell als ganz hervorragend eingeschätzt wird. Während ich in meinem Buch „Auf der Fährte der Hirsche“ abgesehen von vier „Analogbildern“ ausschließlich Fotos von Canon-Kameras verwendete, ist es in diesem Buch ein Mix aus Canon und Nikon. Zehn Jahre nach meinem Einstieg in die digitale Fotografie habe ich 2015 nun erneut eine Umstellung vollzogen. Sie ist nicht so gravierend wie vormals von analog zu digital, aber dennoch spürbar anders. Ergänzend sei an dieser Stelle darauf hingewiesen, dass im Jahr 2016 eine weitere, besonders für Sport- und Tierfotografen geeignete Kamera auf den Markt gekommen ist. Die Nikon D500, ein Hightechprodukt, noch schneller und präziser als die D7200, aber auch doppelt so teuer.

Nicht unerwähnt soll bleiben, dass softwareseitig bei Nikon längst nicht alles Gold ist was da so verführerisch glänzt, es sei denn, man greift noch einmal tiefer ins Portemonnaie. Ganz speziell die RAW-Konvertierung (das ist die Wandlung der Rohdateien in die gängigen Formate JPEG oder TIFF) ist zeitaufwendiger als bei Canon, sodass sogar viele Berufsfotografen, die einen hohen Durchsatz an Fotos haben, den umgekehrten Weg gehen und sich von Nikon abwenden. Letztendlich entscheidet jeder selbst, wie und

Meine aktuelle Fotoausrüstung, die ich beim Pirschen und Ansitzen auf das Wild für optimal halte, umfasst zwei Spiegelreflexkameras Nikon D7200, das Telezoom von Tamron SP 150–600 mm F/5-6,3 Di VC USD und das Zoomobjektiv Tamron SP AF 17–50 mm F/2,8 XR Di II VC (Landschaftaufnahmen). Für diese Ausrüstung musste ich ein wenig mehr als 3000 € investieren.

womit er arbeitet. Wichtig ist, dass einen die gemachten Aufnahmen vollends zufriedenstellen. Die neue Kamera überzeugte mich in allen Belangen, als ich auf die Basthirsche pirschte und ansaß.

Welch Potenzial noch in ihr steckt, erlebte ich an einem Fuchsbau. Er befand sich in der steilen Böschung des Grabens, der das Rapsfeld tangierte, in dem ich viele Tage die Hirsche beobachtete. Die Balgerei der kleinen Füchse auf einer angrenzenden Wiese ging in solch einem unglaublichen Tempo vonstatten, dass es schon fast an ein Wunder grenzte, dass die Aufnahmen gelungen sind. Selbst bei den blitzschnellen Veränderungen der Entfernungen zwischen mir und den Jungfüchsen, die während des Streits immer wieder vorkamen, griff der professionelle Autofokus. Ich glaube, das lag an meinem neuen Handling beim Fokussieren. Üblicherweise erfolgt die Scharfstellung durch Betätigung des Auslösers der Kamera. Mit einem speziellen sogenannten Foto-Setup, dessen Einstellung in diversen Anleitungen für die Nikon nachzulesen sind, besteht die Möglichkeit, nur mit der AE-L/AF-L-Taste an der Rückwand der Kamera zu fokussieren. Ist dabei gleichzeitig der kontinuierliche Autofokus eingerichtet, können alle drei Fokus-Arten ohne zusätzliche Einstellungen unmittelbar abgerufen werden. Diese anfangs vielleicht etwas gewöhnungsbedürftige Arbeitsweise garantiert eine außerordentlich schnelle und flexible Handhabung des Autofokus. Genau das braucht es in solchen Situationen.

Nah am Bau streiten die quirligen Jungfüchse, was das Zeug hält.

Bevor wir uns auf den nächsten Seiten noch ein wenig dem Dasein des roten Freibeuters widmen, möchte ich die bereits erwähnte und fast verlustfreie Extrahierung von Ausschnitten aus den Nikon-Fotos darstellen. Die beiden Bilder unten auf Seite 56 zeigen dasselbe Motiv. Das linke Foto ist in seiner Originalgröße, so wie ich es vor Ort fotografiert habe, belassen. Das Foto rechts daneben ist ein Ausschnitt von diesem. Der weiter verbesserte 24-Megapixel-Sensor der D7200 macht die qualitativ hochwertige Vergrößerung möglich. Sie ist ohne weiteres im doppelten Postkartenformat ausdruckbar und genügt dabei voll den Ansprüchen, die an ein technisch gelungenes Bild gestellt werden. Die Aufwertung bestimmter Motive hinsichtlich Ausdrucksstärke und Aussagekraft ist damit relativ problemlos zu realisieren. Das soll nun nicht dazu verleiten, durchgängig diese Methodik zu verwenden. Es wäre nicht Sinn und Zweck der fotografischen Arbeit, draußen alles nur „grob" zu konterfeien und anschließend am PC erst die gewünschten Fotos herzustellen. Diese Herangehensweise würde über kurz oder lang auch an ihre Grenzen stoßen, da die dafür notwendigen Lichtverhältnisse nicht immer gegeben sind. Ein Mittel zur punktuellen Verbesserung der Bildgestaltung ist es jedoch allemal.

Bei meinen vielen Pirschen und Ansitzen, vor allem auf das Rotwild, bleibt es natürlich nicht aus, dass man Reineke Fuchs öfters begegnet oder aus sicherer Deckung heraus beobachtet. Füchse sind Kosmopoliten. Sie siedeln überall, selbst in europäischen Großstädten. Ihnen ist es egal, wie ihr Lebensraum beschaffen ist. Die große Anpassungsfähigkeit der Tiere, ihre körperliche Gewandtheit und scharfen Sinne sowie ihre hohe Reproduktionsrate begründen diese Tatsache. Deshalb sind sie trotz starker Verfolgung nirgendwo in Europa existenziell gefährdet. Reineke Fuchs wird im Allgemeinen als klug und listig bezeichnet. Seine Schlauheit beruht im Wesentlichen aber auf seinem ständigen Misstrauen und seiner großen Vorsicht. Er besitzt die gut ausgeprägte Fähigkeit, einmal gemachte Erfahrungen in entsprechenden Situationen wieder anwenden zu können. Als Allesfresser hat er es leicht, sich ausreichend „zu versorgen". Die tierische Nahrung überwiegt. Mäuse sind zweifellos seine vorrangigen Beutetiere, vorausgesetzt, sie sind in genügender Zahl vorhanden. In der Biomasse der Fuchsnahrung machen sie bis zu 60 % aus. Die ökologische Funktion des Fuchses ist umstritten. Er wird als arger Schädling des Niederwildes angesehen, und auch die Verdünnung der Mäusepopulation durch ihn stößt nicht nur auf Zustimmung, obwohl er zu deren Stabilität beiträgt. So werden Bestandsexplosionen und die anschließenden Zusammenbrüche der Nagerpopulationen verhindert. Durch seinen selektiven Eingriff bei schwachem und krankem Wild und durch die Aufnahme von Aas beseitigt er potenzielle Gefahrenherde für Infektionskrankheiten, ein Umstand, der ihm zugutegehalten wird.

Mausende Füchse zu beobachten war und ist für mich stets ein besonderes Erlebnis. Auf der Jagd nach den graubraunen Nagern konzentrieren sie sich oftmals derart, dass ein erfolgreiches Anpirschen möglich wird. Bewundernswert ist ihre Geschicklichkeit, denn relativ wenige Beutesprünge enden mit einem Misserfolg. Fast untrügliches Zeichen für einen Fehlsprung ist die Stellung der Lunte, die danach allgemein einige Sekunden aufwärts gerichtet bleibt.

Reineke auf Beutejagd. Für solche Aufnahmen ist ein reaktionsschneller Autofokus erforderlich.

Ansonsten wird sie sofort gesenkt. Effektiv organisieren viele Altfüchse vor allem die Mäusejagd während der Welpenaufzucht. Bereits zu morgengrauer Stunde unterwegs, lauern sie den Nagern auf. Ein gezielter Sprung, die Maus ist erbeutet und wird abgelegt. Ist die Stückzahl groß genug, geht es im fast unfehlbaren Suchgang zurück. Maus für Maus wird aufgenommen. Voll beladen ist dann der Fang, wenn Mutter oder Vater Reineke heimwärts trollen. Natürlich sind es nicht nur Mäuse, die Altfüchse den Welpen bringen. Vom Regenwurm bis zum Rehkitz reicht das Beutespektrum, umfasst eigentlich alles, was sie überwältigen können. Dabei sind Füchse ausgezeichnet in der Lage, ihre Erfolgsaussichten einzuschätzen. Oder sie versuchen mit einer List, diese zu verbessern. Denken wir nur an den Feldhasen. Einem unaufmerksamen Junghasen oder einem Langohr, das kränkelt, schenken sie ungeteilte Aufmerksamkeit. Ein gesunder Hase jedoch braucht Reineke kaum zu fürchten. Er wird von dem Räuber, wie ich es schon öfter erlebte, demonstrativ nicht beachtet. Allerdings steckt scheinbar mitunter Absicht dahinter, um sich dem Opfer so weit zu nähern, dass sich vielleicht doch die Chance für einen erfolgreichen Angriff eröffnet. Meister Lampe zeigte in solchen Fällen immer erhöhte Fluchtbereitschaft. Kam es dann doch einmal vor, dass Reineke einen Angriffsversuch unternahm, wurden die Unterschiede in der Explosivität und Schnelligkeit zwischen Fuchs und Hase mehr als deutlich. Da konnte Reineke sprinten wie er wollte, Lampe war für ihn unerreichbar.

Rotfüchsen gelingt es nur ganz selten, gesunde Feldhasen zu erbeuten. Die großen Kraniche gehören nicht zu ihrem Beutespektrum.

Der Mümmelmann kann sich den Angriffen der Rohrweihe nur schwer entziehen.

Nicht ganz so überlegen zeigte sich Lampe bei einem Angriff aus der Luft, den ich an einem Abend bei einem Kurzbesuch in meinem Küstenrevier im Juni erlebte. Ich saß schon eine gute Stunde auf einer Kanzel am Waldrand und wartete auf Rotwild. Oft zogen Rottiere mit ihren Kälbern bereits im allerbesten Licht aus dem Holz über die angrenzende Wiese, um dann in das nahe Roggenfeld einzuwechseln. Ein Feldhase äste friedlich im Gras unweit des Getreides. Wie aus dem Nichts, lautlos und pfeilschnell, attackierte plötzlich eine Rohrweihe den Mümmelmann. Der reagierte sofort und versuchte sich mit hoher Flucht dem Angriff zu entziehen. Das gelang ihm allerdings trotz Hakenschlagens keineswegs so effizient wie bei Meister Reineke. Die wendige Weihe erreichte ihn mehrfach, jedoch ohne ihn zu greifen. Es war bestimmt auch nicht ihre Absicht. Oder doch? Ausgewachsene Feldhasen gehören eigentlich nicht zu ihrem Beutespektrum, Junghasen aber schon. Rohrweihen überrumpeln ihre Beute im niedrigen, „gaukelnden" Suchflug. Sie packen die Beutetiere mit ihren scharfen Krallen meist dicht am Boden, nur selten über und auf dem Wasser oder in der Luft. So weit schien alles zu passen, nur die Größe der Beute passte nicht. Nach mehreren Attacken ließ die Weihe von dem Feldhasen ab. Der verschwand so schnell es ging im Wald. Vielleicht wollte der große Greifvogel den Mümmelmann nur von der Feldkante „wegbugsieren", weil er im Roggen nicht allzu weit entfernt seine Jungen aufzog? Die Fragen bleiben, sie sind nicht schlüssig zu beantworten.

Der Kosmopolit Reineke Fuchs hat nicht nur ein flexibles Nahrungsspektrum, er ist auch bei der Wahl seiner Unterkünfte relativ ...

Erst wenn die kalten Wintertage und die frostklirrenden Nächte längst vergessen sind, stellt sich bei Familie Freibeuter Nachwuchs ein. Blind werden die Welpen geboren, zumeist vier bis sieben an der Zahl. Wenn sie dann nach etwa zwei Wochen sehen können, vergehen nochmals vierzehn Tage, bevor sie zum ersten Mal den Bau verlassen. Die Bauanlagen sind sehr unterschiedlich und können neben der Hauptröhre mehrere Fluchtröhren besitzen. Es werden eher selten besonders große Baue gegraben. Die Füchse begnügen sich oft mit ganz einfachen Behausungen unter Baumstümpfen oder in Felsspalten. Mitunter ziehen sie in verlassene Dachsbaue ein oder leben sogar mit Grimbart gemeinsam darin, wenn die Wohnstätte groß genug ist. Als Wurfbau, dass konnte ich selbst erleben, reicht auch ein Rundholzstapel.

An einem frühen Abend fuhr ich mit dem Fahrrad durch mein heimisches Revier in der Niederlausitz. Bereits auf ziemlich große Entfernung sah ich unter den Stämmen eines solchen Stapels einen Fuchswelpen sitzen. Der kleine „Kerl“ schöpfte keinen Verdacht. Es gelang mir, ganz nah an die Kinderstube, die sich augenscheinlich unter dem Holz befand, heranzukommen. Ich entdeckte noch drei weitere Welpen, die mit ungeschickten und tapsigen Bewegungen zwischen den Stämmen umherkletterten.

Schon nach wenigen Minuten waren sie so erschöpft, dass sie Schlafpausen einlegen mussten. Auch die verbrachten sie auf hölzernem Untergrund und nicht zu ebener Erde. Vermutlich hatte ich den Fuchsnachwuchs auf einem seiner ersten Ausflüge „erwischt“. Zu dieser Zeit beginnt die Fähe Fleisch zuzufüttern. Mitunter wird sie dabei auch vom Rüden unterstützt. Bis dahin bekamen die Kleinen nur Muttermilch. Sechs Tage später konnte ich dann beobachten, wie die Jungen Beutestücke umherschleppten. Sie benahmen sich nun viel agiler als bei der ersten Beobachtung. Sie schnürten relativ behände auf den Rundhölzern entlang, erkletterten Baumstümpfe und balgten sich sogar.

... anspruchslos und kommt selbst mit Notbehelfen gut zurecht.

Die Raufereien hatten spielerischen Charakter. Ihnen fehlte jegliche Aggressivität. Ich besuchte den Bau immer nur für kurze Zeit, weil ich fürchtete, von einem der Elterntiere entdeckt zu werden.

Trotz aller Vorsicht stand ich Ende Mai vor der leeren Wochenstube. Dass Wurfbaue aufgegeben werden, ist bekannt. Ursache dafür sind meistens Störungen durch Menschen, aber auch die Zunahme von Ektoparasiten – tierischen Schmarotzern, die die Welpen befallen. In dieser konkreten Situation neige ich jedoch zu der Auffassung, dass der Umzug aus einem Sicherheitsbedürfnis heraus vollzogen wurde. Die Umgebung der Wochenstube unter dem Rundholzstapel war auch auf der dem Weg abgewandten Seite ziemlich deckungsarm. Bis auf ein paar Blaubeersträucher wuchs dort nichts. Ich musste nicht lange suchen. Die neue Unterkunft fand ich bereits nach zwei Stunden. Sie befand sich wieder unter einem Holzstapel am Weg und nur etwa 300 Meter entfernt von der bisherigen Kinderstube.

Diesmal war die Waldseite der Behausung nicht einsehbar. Adlerfarn bot hervorragende Deckung. Das nutzten

die Welpen ausgiebig und wuselten allein oder als Gruppe im Stängelwald umher. Natürlich kamen sie bei ihrem Spiel auch auf den Weg oder erkletterten den Holzstapel. Manchmal näherten sie sich mir bis auf wenige Meter und vernahmen die Auslösegeräusche der Kamera, ohne sie als „Gefahr" zu erkennen. Das unbekannte „Objekt" Mensch am Wegesrand betrachteten sie neugierig, schöpften jedoch keinen Verdacht, da sie die Witterung, die sie zweifellos erreichte, nicht ihrem größten Feind zuordnen konnten. Noch nicht! Dieser Unbedarftheit verdankte ich prima Fotos, denn die quirligen kleinen Kerlchen posierten bei ihrem Spiel und ihren Erkundungsgängen ein ums andere Mal ganz vertraut vor meiner Kamera. An einem späten Nachmittag nutzte ein Holztransporter den oberen Teil des Stapels als Zuladung. Nur noch halb so hoch schaute er danach aus dem Farn. Die Fuchsfamilie störte das nicht. Er blieb ihr zu Hause. Einige Wochen später – groß waren die Welpen inzwischen geworden – begegneten wir uns auf einer Schneise wieder. Wild tollten sie in der warmen Mittagsstunde im Sand. Nun reagierten sie trotz Spiel und Balgerei auf die Auslösegeräusche meiner Kamera. Ganz klein machte ich mich hinter einer Kiefer, um nicht entdeckt zu werden. Immer wieder sprangen sie auf die herumliegenden Baumstämme am Wegesrand und balancierten darauf mit bewundernswerter Geschicklichkeit. Rotfüchse gehören zur Familie der Hundeartigen und können am besten von allen klettern. Das demonstrierten sie mir eindrucksvoll an diesem wunderschönen Tag im Juni.

Rotfüchse sind geschickte Kletterer.

Nach den Ausflügen in die Thematik der „fotografischen Hardware" und zum Kosmopoliten Reineke Fuchs wenden wir uns nun wieder dem Geschehen in der Feldmark zu. Auf der Seite 64 ist der Hirsch, auf den ich so viele Stunden am Roggenfeld gewartet hatte und den ich dann abends an der Waldinsel fotografieren konnte, noch einmal groß abgebildet. Das Foto machte ich eine Woche später. Es ist nur eins aus einer ganzen Serie. Der Hirsch äugte aus dem Raps hinüber zum Rand des Feldes, wo sich der Wassergraben befindet. Dorthin wollte er auch. Seine beiden Begleiter, ein Junghirsch und ein 16-Ender, trugen noch ihre Bastgeweihe. Mein alter Bekannter präsentierte sich mit blanken Stangen, die bereits verfärbt waren. An deren Innenseite und an der Basis sah man aber das schimmernde Weiß, das direkt nach dem Abstreifen der Basthaut für den ganzen Hauptschmuck typisch ist. Es sind genau die Stellen, die beim Aufenthalt im Wald durch die Blätter und Zweige des Unterwuchses nicht in dem Maße erreicht werden wie die anderen Teile des Geweihes. Die Stangen färben aber insgesamt noch dunkler ein, wenn der Hirsch den Wald in den nächsten Tagen wieder aufsucht. Der mittelalte Geweihte hatte seinen Bast vermutlich vor zwei oder drei Tagen verloren und dann die verbliebenen Hautreste abgestreift. Er war bisher der Einzige hier in der Feldmark, der diese Prozedur vollzogen hatte. Andere würden bald folgen. An diesem schwülen und stillen Juliabend, das war unverkennbar, wollte er sich im kühlen Nass des Grabens unbedingt erfrischen. Während seine Begleiter im Raps ästen, stieg er bedächtig und aufmerksam mit langem Träger auf den Rand des Feldes zu. Ich hockte auf der anderen Seite des Grabens am Rand des nur halb mannshohen Maisfeldes und fotografierte den sich nähernden Hirsch. Die kleine Erhebung, von der aus ich den Geweihten beobachtete und die bereits deutlich in der Höhe geschrumpften trockenen Ölpflanzen boten allerbesten Einblick. Meine Deckung war jedoch alles andere als perfekt, sodass ich jede unnötige Bewegung vermied. Der Wind strich kaum spürbar die Grabenböschung entlang, leider nicht auf mich zu, sondern von mir weg. Wenn er auch nur ein wenig drehte, bekam der Hirsch am Feldrand unweigerlich meine Witterung. Ich überlegte fieberhaft, wie ich diese üble Situation entschärfen konnte. Aber mir fiel nichts ein. Für einen Standortwechsel, gedeckt durch den niedrigen Mais, reichte die Zeit nicht mehr. Außerdem war der Geweihte bereits zu dicht aufgerückt und hätte wahrscheinlich meinen Pirschversuch sofort wahrgenommen. Also harrte ich aus, mit einem winzigen Rest Hoffnung, dass mein schlechter Duft ihn nicht vergrämen würde. Aber bereits vor der Feldkante

stutzte der ungerade 14-Ender, hob das Haupt überdeutlich und sog die Witterung ein. Aus und vorbei! Irrtum, keine Flucht, kein Blick zu mir. Der Hirsch wollte sein Vorhaben nicht aufgeben. Nach zwei Gängen vorwärts wiederholte sich das gerade Erlebte. Aber die Verunsicherung des Hirsches nahm sichtbar zu.

Das konnte nicht gut gehen. Trotzdem probierte er es noch einmal und stand nun fast am Feldrand. Jetzt war es aber genug. Er drehte ab, jedoch nicht flüchtend – wie ich erwartet hatte. Nein, er stieg einfach davon, zurück zu seinen immer noch äsenden Begleitern. Ohne Hast zog er weiter Richtung Waldinsel und nahm sie mit, so unbeeindruckt elegant, als gäbe es das klammernde Rapsgestrüpp überhaupt nicht. Nun wusste ich, was er vorhatte. Er wählte die Alternative, den flachen Graben entlang des Wäldchens. Die drei ließen sich Zeit und ästen zwischendurch. Doch ihrer Zielstrebigkeit tat das keinen Abbruch. Den flachen, verschilften Graben hatten sie fest im Visier. Die Sonne sank glutrot hinter die Baumwipfel, strahlte mit letzter Kraft durch den Blätterwald.

Mit dem schwindenden Licht verlor sich die Farbe des Rapses, und das Gelb des dahinter befindlichen Roggens wurde zum hellen Grau. Zwei Hirsche tauchten aus dem Getreide auf, weit entfernt hinter dem Trio, das ich nun schon mehr als eine Stunde beobachtete. Ich fotografierte ein letztes Mal und strengte mich dabei mächtig an, um die Kamera mit dem großen Objektiv ruhig zu halten. Als die Hirsche den Graben an der Waldinsel erreichten, war es so

| Am späten Abend ziehen die Hirsche durch den Raps und den Roggen zu einem Wassergraben, um dort Kühlung zu suchen.

Hirschrudel im Roggen: Die Geweihe sind bis auf wenige Basthautreste fertig gefegt.

dämmrig geworden, dass ich sie nur noch als dunkle Flecken wahrnahm, die wenig später mit der Umgebung gänzlich verschmolzen.

Durch meine Schuld mussten sie diesen Umweg nehmen, um sich die wohlverdiente Erfrischung zu verschaffen. Es sollte unsere letzte Begegnung im Raps gewesen sein.

Am nächsten Tag wurde der riesige Schlag im so genannten Direktdrusch geerntet. Der erfolgte mit den herkömmlichen Mähdreschern. Zusatzeinrichtungen, wie die Verlängerung des Tisches hinter dem Schneidwerk und Seitenmesser am Schneidwerk zum Trennen der Rapspflanzen, machen das möglich. Außerdem braucht es andere Siebe und Bleche im Dreschwerk, da die Rapskörner viel kleiner sind als die des Getreides.

Es dauerte nicht einmal den ganzen Tag, bis das große Rapsfeld abgeerntet und damit ein Teil des Paradieses verschwunden war. Nun blieb mir und den Hirschen nur noch der Roggen. Die gravierende Veränderung in der Feldflur störte die Geweihten allerdings wenig, da die Getreidefläche gleichfalls eine erhebliche Ausdehnung besaß. Mittendrin fühlten sie sich nach wie vor ungestört, und so konnte ich in den nächsten Tagen sehr gut beobachten, wie ein Großteil der Geweihten den Bast verlor. Nur die ganz jungen Hirsche behielten die Samthaut, alle anderen trugen alsbald eine blanke Wehr. Ihrer Geweihfarbe tat es gut, dass sie regelmäßig in die Waldinsel zogen. Nach wenigen Tagen prahlten sie durchweg mit einem satten Braun über dem Haupt. Richtig nah bekam ich sie allerdings nicht vor, da sie tagsüber immer tief im Feld einstanden. Die Sonne brannte erbarmungslos herab, tauchte alles in furchtbar grelles Licht. Fotografieren machte unter diesen Bedingungen wenig Sinn. Versucht habe ich es trotzdem.

Das Foto oben, stark vergrößert, ist so ein Beispiel. Bessere Chancen gibt es zu früher Stunde oder abends, wenn der Sonnenball ganz knapp über den Wipfeln der Bäume hängt. Deshalb fuhr ich eines Morgens Anfang August mit dem Fahrrad ans Feld und hielt Ausschau. Sehr wohltuend empfand ich die Kühle in der frühen Stunde, und auch den gefiederten Sängern ringsum schien sie angenehm zu sein. Sie trällerten bereits mit Inbrunst ihre Lieder. Der Roggen wechselte im zunehmenden Licht vom fahlen Gelb zum rötlichen Braun – und das mit einer erstaunlichen Intensität. Selbst als die siebente Morgenstunde anbrach, rührte sich nichts im Getreidefeld.

Eine Viertelstunde später ruckte plötzlich das Geweih eines jungen Hirsches heraus, nur für Sekunden. Dann tat sich der Geweihte erneut nieder. Der Augenblick genügte mir, und ich fuhr zur Ostseite des großen Schlages. Dort

Roggenschlag im Frühlicht. Die älteren Hirsche, die sich in ihm aufhalten, haben ihre Geweihe vollständig verfärbt.

befand sich auf einer kleinen Erhebung ein verlassener Hof. Von da aus hatte ich einen weitaus besseren Blick, sah sogar die Geweihkronen mehrerer ruhender Hirsche, ungefähr 200 Meter entfernt. Sie lagen wie festgenagelt, und allmählich wurde die Zeit knapp. Denn das aufsteigende Licht brachte nicht nur die Hundstagshitze, sondern verkleinerte zusehends das Zeitfenster, in dem es überhaupt noch möglich war, ordentliche Fotos zu machen. Und dann half Fortuna oder meinetwegen auch Diana. Vom nahen Dorf brummte ein Mähdrescher heran und rollte auf das abgeerntete Rapsfeld. Ein Traktor mit zwei Anhängern rumpelte hinterher. In mir kam die Hoffnung auf, dass die Betriebsamkeit am Roggenschlag die Hirsche neugierig machen würde. Es bestand kein Zweifel mehr, heute sollte die Getreideernte eingebracht werden. Jetzt war alles nur eine Frage der Zeit. Reagierten die Hirsche in der nächsten halben Stunde, dann könnte das Licht vielleicht noch passen, es wäre nicht zu grell und die UV-Strahlung nicht zu intensiv für Fotos. Der Mähdrescher schwenkte in den Roggen, nahm sich den ersten Schwad vor. Nun wurde es richtig laut, und wie auf Kommando erhoben sich die Geweihten. Es waren mehr als ich dachte, die da über die Halme Richtung Dorf äugten. Was würden sie tun? Für welchen Wechsel würden sie sich entscheiden? Nahmen sie die Waldinsel an oder die Kiefernheide, die ich jedes Mal durchquere, um zur Feldmark zu gelangen. Sie verfolgten den Mähdrescher, der, in eine Staubwolke gehüllt, seine Arbeit tat. Sie hatten ziemlich weit verstreut geruht, typisch für Feisthirsche. Mit steigendem Testosteronspiegel verlieren sich die bisherigen sehr engen Sozialkontakte. Die Hirsche werden allmählich aggressiver. Die Brunft war nicht mehr so fern. Jetzt aber rückten sie enger zusammen, formierten sich, wenn auch zögerlich, um den Roggen zu verlassen. Und ich hatte richtig Glück. Sie wählten nicht den Fluchtwechsel zur Waldinsel, sondern wollten in die Kiefernheide. Sie kamen näher, nicht zu hastig, eher bedächtig, da sie wussten, dass die lärmende Maschine keine Gefahr bedeutete. Bevor sie den Feldrand erreichten, nahmen sie Fahrt auf, denn bis zum Waldrand war noch ein etwa 200 Meter breiter, deckungsloser Feldstreifen unmittelbar am Dorf zu überwinden. In flottem Tempo ging das Rudel ab, und erst vor dem Wald stoppte es. Das Unbehagen, die Störung, lag hinter ihnen. Sie äugten zurück, umweht vom Staub, den ihre Läufe mit den harten Schalen aufgewirbelt hatten.

Nun blieb nur noch der Mais, der ihnen als Heimstatt draußen in der Feldmark dienen konnte. Mein „Paradies auf Zeit" war mit diesem Tag Geschichte, zumindest für das Jahr 2015. Was das nächste bringen würde, war ungewiss. Würde es so trist wie 2014 oder wieder so erlebnisreich wie 2015? Wer wusste das schon. Sicher würde die Präsenz der Wölfe in dem großen Waldgebiet dabei eine wesentliche Rolle spielen. Aber darüber zu spekulieren, war müßig. Für die Geweihten kamen alsbald aufregende Wochen. Da galt es, sich in der Brunft gegenüber anderen zu behaupten. Bis es so weit war, sammelten sie Kraft, irgendwo versteckt in verschwiegenen Einständen des Waldes. Oder sie verbrachten die Tage und Nächte im inzwischen hoch gewachsenen Mais.

Mit dem Beginn der Roggenernte wechseln die Hirsche aus dem Feld ...

... und suchen sich eine neue Bleibe im Mais oder im Wald.

KÖNIGS RUF WIE EH UND JE

In den Revieren der Niederlausitz, speziell in meinem Beobachtungsgebiet Hohenbucko-Rochauer Heide, ist der Rotwildbestand so hoch, dass zumindest lokal die Beobachtung des Wildes gut möglich ist. Für eine dauerhaft erfolgreiche Tierfotografie ist das eine entscheidende Voraussetzung. In fast leeren Revieren zu pirschen bringt nur Frust und keine akzeptablen Ergebnisse. Auf einer ausgewiesenen Bezugsfläche von 32.000 Hektar werden jährlich im Schnitt etwa 300 Stück Rotwild in der Heide erlegt. Ähnlich wie beim Rehwild ist in den aktuellen Jagdstatistiken der Einfluss des Wolfes kaum spürbar. Bemerkbar macht er sich erst mit Verzögerung, praktisch zu dem Zeitpunkt, an dem die Vorgaben der Abschusspläne beim besten Willen nicht mehr erfüllbar sind. Bis dahin stabilisieren erhöhte jagdliche Aktivitäten die Strecken.

So fand unter anderem in den Landesforsten der Hohenbucko-Rochauer Heide im März 2015 das mehrjährige Projekt „Zielorientierte Jagd“ seinen Abschluss. Dieses alternative Jagdzeitenkonzept beinhaltete außer der Erprobung der Effizienz sogenannter Nebenerlegungszeiten, in denen sämtliches Schalenwild freigegeben war, auch ein System von Intervalljagden zur massiven Reduzierung des Schalenwildes. Die Abschusspläne erhielten den Status von Mindestvorgaben ohne Grenze nach oben. Das Vorha-

Zu hohe Wildbestände verursachen irreparable Schäden in der Land- und Forstwirtschaft.

ben brachte logischerweise entsprechend hohe Strecken. Der entstandene Jagddruck führte allerdings auch dazu, dass sich das Rotwild lokal anders verteilte. Inzwischen sind zentrale Gebiete der Landesforste nahezu rotwildfrei, während in anderen Bereichen Massierungen auftreten.

Die mittlerweile etablierte Wolfspopulation schickt das Rotwild allerdings, um es einmal salopp auszudrücken, auch immer wieder quer durchs Land. Dazu kommt, dass sich aufgrund des erhöhten Beutegreiferdrucks Panikrudel mit großer Kopfzahl bilden, die dann wie Heuschreckenschwärme durch den Wald streifen und nachts in die Feldmark einfallen. Im einleitenden Kapitel des Buches hatte ich diese Problematik bereits kurz erwähnt. Diese Situation macht die Bejagung des Wildes schwieriger, da oftmals der Zufall eine Rolle spielt und die Weidgenossen sich nur schwer darauf einstellen können. Werden die Äsungsflächen, Wechsel und Einstände im normalen Rhythmus frequentiert, hat alles seine Ordnung. Ist das Wild aber fast ständig unterwegs, mal hier mal dort, bleiben viele Ansitze oder Pirschen erfolglos. Und bei den Drückjagden kann es dann ebenso

Der Nahrungsbedarf der Wölfe ist groß. Rot- und Rehwild gehören zu ihren bevorzugten Beutetieren, deren Bestände sie auf Dauer wirksam reduzieren, bis hin zu einer Ausdünnung, die die Bejagung durch die Jägerschaft nur noch partiell erfordert.

passieren, dass gar nichts im „Kessel" ist, weil die Tiere in anderen Gebieten umherstreifen. Drückjagden benötigen eine organisatorische Vorlaufzeit, und niemand kann am Tage der Durchführung voraussehen, in welchem Revierteil sich das Wild bevorzugt aufhält. So sorgen die Grauen unter Umständen ungewollt dafür, dass mehr für sie übrig bleibt. Immerhin braucht ein Wolf ungefähr zwei Kilogramm Fleisch am Tag. Da nicht jeder seiner Beutezüge erfolgreich ist, muss er auch mal hungern. Aber pro Woche sollte man schon über den Daumen gepeilt mit einem Stück Schalenwild oder etwa 15 Kilogramm Fleischmasse rechnen. Es ist also sehr einfach, den Verbrauch übers Jahr zu bestimmen und einzuschätzen, wie die Wirkungen auf die Schalenwildbestände in Abhängigkeit von der Wolfsdichte in Zukunft sein werden.

Der Zuwachs des Beutegreifers ist auf Grund der gegenwärtig noch guten Ernährungssituation sehr hoch. Das zeigen die Wurfgrößen von vier bis acht Welpen oder mehr in Sachsen und Brandenburg. Fazit ist, dass langfristig bei Beibehaltung des Totalschutzes für die Grauhunde eine nachhaltige Absenkung der Wildbestände eintreten wird. Diese Absenkung ist im Interesse der Forstwirte und wird Dimensionen erreichen, die unsere Vorstellungskraft strapaziert. Letzteres ist es, was ich moniere. Ich bin keineswegs ein Fürsprecher von besonders hohen Wildbeständen, bin aber der Tradition verhaftet und der Meinung, dass in unseren äsungsreichen Wäldern zwei oder drei Stück Rotwild auf 100 Hektar leben dürfen. Sollte das Projekt „Willkommen Wolf" in vollem Umfang und ohne Abstriche realisiert werden, bleiben, wenn es gut geht, vielleicht 20–30 % unseres Rot- und 10 % unseres Rehwildes übrig. Das zeugt nicht von einem respektvollen Umgang mit dem Allgemeingut Wild in einer zivilisierten Gesellschaft. Unsere Landschaften haben nichts mehr mit Naturlandschaften zu tun, sind dicht besiedelt und eher vergleichbar mit einem kleinen Garten, der unbedingt Pflege braucht. Ihn sich selbst zu überlassen, indem man die Beutegreifer an der Spitze der Nahrungskette zu „heiligen Kühen" erklärt, bedeutet Chaos für die Zukunft. Aber darin scheint diese Gesellschaft bereits geübt, wenn man sich die zahlreichen Verwerfungen auf fast allen Ebenen anschaut. Die Jäger werden die Verlierer sein, zumindest beim Schalenwild. Dann ist dem „grünen Bestreben", die Jagd abzuschaffen, ein Teilerfolg beschieden.

Die Reproduktionsrate von Isegrim ist gegenwärtig sehr hoch.

Junger Wolf auf Nahrungssuche im Spätsommer 2016

Teichlandschaft am Südrand der Rochauer Heide

Inzwischen gibt es in der Hegegemeinschaft Hohenbucko-Rochauer Heide Überlegungen, bei der Abschussplanung eine sogenannte Wolfsquote einzuführen. Das bedeutet, die Abgänge durch Wolfsrisse werden berücksichtigt und die Abschusszahlen gesenkt. Das ist der erste Kompromiss mit dem Wolf und der Anfang vom Ende des Weidwerks so wie wir es kennen.

Die Anwesenheit von Wölfen war im südlichen Teil der Rochauer Heide seit längerem bekannt. Bereits im ersten Jahrzehnt des neuen Jahrtausends wurden in der Schilfzone eines großen Teiches Wölfe vom zuständigen Fischwirt gesichtet. Er berichtete auch von einer erfolgreichen Welpenaufzucht auf einer Insel des großen und sehr flachen Gewässers. Obwohl ich in der näheren Umgebung des Teiches öfters auch zu dieser Zeit unterwegs gewesen bin, habe ich davon nichts bemerkt. Erst 2012 wurde der Anblick von Muffelwild ringsum spärlicher, und riesige Kahlwildrudel zigeunerten, wenn auch selten, durchs Revier. Sie kamen aus anderen Ecken der großen Heide, denn beim Einstandswild meiner Pirschbezirke konnte ich bis zum Herbst keine Veränderungen im Verhalten feststellen. Im folgenden Winter gab es dann die ersten deutlichen Anzeichen für die Anwesenheit von Wölfen. In meinem Buch „Auf der Fährte der Hirsche“ berichtete ich von einem Rothirsch mit auffälligen Tellerkronen, der wohl aufgrund der Präsenz der Grauhunde seinen angestammten Einstand verlassen hatte. Ich schrieb: „Im schneereichen Winter spürte ich immer wieder Wölfe. Mitunter standen ihre Tritte mitten in den Fluchtfährten von Kahlwildrudeln.“ Der Geweihabwurf im Frühjahr machte dann deutlich, dass der Lebensrhythmus des Wildes langsam aus den Fugen geriet. Meine Umfrage bei den Stangensuchern und Jägern und auch die vorgezeigten Abwürfe auf der Stangenschau der Hegegemeinschaft im Mai 2013 bestätigten das. Das Aufkommen betrug kaum noch 50 % gegenüber den vorangegangenen Jahren. Dafür gab es Meldungen von Stangenfunden bekannter Hirsche aus entfernten Gegenden. Das Fazit für 2013 lautete zusammengefasst: Das Wild war viel sensibler und aufmerksamer geworden. Selbst das Rehwild reagierte auf ungewöhnlich große Entfernungen beim Anblick des Menschen. Kopfstarke Kahlwildrudel, 100 Tiere und mehr, begegneten einem immer öfter. Allenthalben hörte man von Wolfsichtungen, meist von Einzeltieren, in Ausnahmefällen von fünf bis sechs Wölfen. Die Meldungen von Muffelwildrissen häuften sich. Vereinzelt wurden gerissene Rehe und Rottiere gefunden. Im darauffolgenden Jahr, 2014, beobachtete ich nicht einen einzigen Widder und nicht ein einziges Schaf mehr –

Die Kälberwiege im Pfeifengrasbruch ist seit 2014 verwaist.

waren sie in alle Winde verstreut oder gefressen worden? Der Wildanblick insgesamt wurde seltener, vermutlich auch durch verstärkte Verlagerung der Aktivitäten in die Nachtzeiten. Kahlwildrudel hielten sich im Winter und im Frühjahr oft in unmittelbarer Dorfnähe auf, mitunter gleich hinter meinem Haus. In der Feldmark sah ich im Sommer fast keine Basthirsche mehr, obwohl sie sich dort ansonsten alljährlich zu einem „Stelldichein" versammelten. Die inmitten eines Pfeifengrasbruches liegende Kälberwiege blieb verwaist. Jedes Jahr im Mai setzten dort die Rottiere ihren Nachwuchs. 2014 konnte ich dort nicht ein einziges Stück beobachten. Erst im Juli sah ich wieder Rotkahlwild in Kiefernwäldern mit hohem Farn. Zur Brunftzeit weilte ich nicht in der Lausitz, sondern blieb bis zu ihrem Ende an der Küste. Berichten der Jäger zufolge verlief sie im Süden der Rochauer Heide eher verhalten, nicht besonders laut und weniger vehement. Für mich als Wildfotograf war es wirklich ein schauerliches Jahr, obwohl ich mein „Pirschverhalten" an die veränderten Bedingungen anzupassen versuchte. Viel mehr als die Jahre zuvor bewegte ich mich mit dem Fahrrad in den Revieren und pirschte erst in der Nähe vermut-

Wölfe verändern das Verhalten des Wildes meist gravierend.

lich Erfolg versprechender Bereiche, erweiterte also mein Beobachtungsgebiet erheblich. Das half, zumindest ein wenig. Meine Pirschzeiten veränderte ich allerdings nicht. Den Lichtbedürfnissen meiner Kamera entsprechend blieb es bei den Tageszeiten. Deshalb hatte meine Frau auch wesentlich mehr Wolfsanblick als ich. Sie musste schon in aller Herrgottsfrühe mit dem Pkw quer durch den Wald bis in die nächste Stadt zur Arbeit fahren. Da kam es ab und zu mal vor, dass einer der Grauen ganz dicht neben ihrem Fahrzeug herschnürte oder gar an unserem Ortseingangsschild verharrte und seelenruhig zuschaute wie sie vorbeifuhr. Ein Weidmann, der in den Rominten gejagt hatte, erzählte mir vom Ausspruch eines alten polnischen Jägers: „Siehst du einen Wolf, sind mindestens zwanzig da." Nicht auszudenken, wenn das zuträfe! Aber wir haben ja keine ostpolnischen Urwälder, es sind vielerorts eher übersichtliche Holzplantagen.

Im Jahr 2015 machte das Wild auf mich den Eindruck, als würde es sich besser auf die großen Räuber einstellen. Vielleicht waren aber auch nicht so viele da. Zwar sah man in verschiedenen Revierteilen manchmal über Tage gar nichts, auch keine frischen Fährten, aber Anblick gab es in den Forsten definitiv häufiger. In den Feldern „trafen" sich wieder die Hirsche, wie eben im Kapitel „Paradies auf Zeit" geschildert. Und sogar Kahlwild mit Kälbern begegnete mir ab und zu, auch wenn die Wochenstube im Pfeifengrasbruch wie im Jahr zuvor verwaist blieb. Der Anblick von Großrudeln wurde seltener, und die Hirschbrunft, auf jeden Fall die paar Tage, die ich erlebte, hatte es in sich. Für die Jäger sah es nicht so rosig aus. Übers Jahr ging die Jagdstrecke bei Rotwild stark zurück. Dafür profitierten weiter weg Jagdpächter von der variablen Einstandswahl der Hirsche und Tiere.

Im Herbst 2015 verweilte ich fast drei Wochen an der Ostseeküste, um dort die Hirschbrunft zu erleben. Sogar den Darßer Ort in der Nähe des Städtchens Prerow besuchte ich mit meiner Frau, um brunftende Hirsche vor den Ostseewassern zu fotografieren. Das Gebiet ist ein Besuchermagnet, auch für Tierfilmer und Tierfotografen. Für meinen Geschmack ist das Begängnis in dieser herrlichen Naturlandschaft, in der Jagdruhe herrscht, aber zu groß.

Am 27. September machte ich mich dann auf, um in den Wäldern am Südrand der Rochauer Heide zu pirschen. Als ich mich am Nachmittag auf mein Mountainbike schwang und die paar hundert Meter zu den Brunftplätzen radelte, ahnte ich noch nicht, dass ich diesen Tag und auch die darauffolgenden bis zum 3. Oktober nur mit den Worten beschreiben konnte: „Königs Ruf wie eh und je"!

Im Jahr 2015 hat sich das Wild auf die Anwesenheit des grauen „Räubers" etwas besser eingestellt.

Hirschbrunft auf dem Darß, Nationalpark Vorpommersche Boddenlandschaft in Mecklenburg-Vorpommern

| Königs Ruf wie eh und je!

| Abendwacht am Waldrand

Ich war ein wenig verunsichert, weil mir ein paar Tage zuvor ein hiesiger Jagdpächter telefonisch von einem Wolfsangriff auf ein Rotwildkalb berichtet hatte. In dessen Folge waren im Umfeld der Beobachtung alle Hirsche verstummt, die sich bis dahin beeindruckende Rufduelle geliefert hatten. Und auch am nächsten Morgen herrschte dort Stille. Nach der Erzählung des Jägers erfolgte der Angriff des Wolfes am Vorabend mit einer atemberaubenden Geschwindigkeit. Er saß auf einer Kanzel und schaute einem Rottier und einem Kalb beim Äsen zu. Allmählich kam die Dämmerung. Trotz des Brunftkonzertes ringsum wollte scheinbar kein Geweihter der Dame auf der Lichtung vor ihm den Hof machen. Urplötzlich „schoss" – anders kann man das nicht bezeichnen, meinte der Weidmann – ein ganz hell gefärbter Wolf über den kleinen Hügel an der Nordseite der Blöße. Wahrhaft ein hellgrauer Strich, wie ein Pfeil, flog aus dem Farn heraus auf das Rotwildkalb zu. Kaum zu glauben, aber das Jungtier reagierte darauf ebenso explosiv. Es ging mit einer Geschwindigkeit ab, die er ihm niemals zugetraut hätte. In den wenigen Sekunden mit Sichtkontakt zu den beiden erreichte der Verfolger seine Beute nicht. Kein Klageschrei ertönte, nur die nahebei schreienden Hirsche verstummten. Vielleicht war der Angreifer nicht allein und Artgenossen lauerten irgendwo im Wald, um das Kalb abzufangen.

Dieses Erlebnis ging mir durch den Kopf, als ich ins Revier radelte. Doch die Ablenkung folgte auf dem Fuß. Ein lauter Hirschruf riss mich aus meinen Gedanken. Ich stand gerade an einer Wegekreuzung und schaute in die Kronen der Birken. Ich wollte wissen, woher der Wind kam. Aus östlicher Richtung auf jeden Fall. Südost, Nordost – keine Ahnung?! Der Schrei des Geweihten nahm mir jedwede Entscheidung ab. Ich musste nach Westen, um dann gegen den Wind, egal, ob der nun von Süd- oder Nordost wehte, an den Rand des Bruchs zu pirschen. Denn von da irgendwo ertönte der Ruf. Während ich mit dem Fahrrad gen Westen fuhr, wurde es unerwartet lebhaft in der mit Kiefern bestockten Pfeifengraslandschaft. Drei oder vier Hirsche schrien plötzlich gegeneinander an. Nach einer Viertelstunde hatte ich alle Voraussetzungen geschaffen, um das Rotwild zu beobachten. Jetzt brauchte es nur noch zu erscheinen. Ich stand an einem winzigen Hang im Schatten des Kiefernwaldes und schaute auf eine Lichtung. Der Wind wehte mir genau ins Gesicht. Da konnte nichts passieren. Das ziemliche Tohuwabohu im Farn des lockeren Stangenholzes halbrechts von mir wurde immer heftiger und lauter und bewegte sich auf die Lichtung zu. An der Küste hatte ich an manchen Tagen tollen Brunftbetrieb erlebt. Aber das hier übertraf akustisch alles. Mir schwante, dass ein Schwall von Tieren, umringt von Hirschen, kommen würde – und so war es auch. Zuerst krachten die Geweihe von zwei Hirschen ineinander, die im Verlauf des Kampfes aus dem Farn des Kiefernholzes auf die Lichtung drängten. Ich konnte die Auseinandersetzung zwar fotografieren, aber die sich wild hin- und herschiebenden „Buckel" im hohen Pfeifengras boten nicht die allerbesten Motive. Als die Kämpen beieinander standen, nach der Rangelei, sah das besser aus. Die beiden Hirsche stritten sich nicht um die Tiere. Hier wollte nur der eine dem anderen zeigen, wer der Stärkere ist.

Kahlwild, Haupthirsch und noch mehr Beihirsche befanden sich nach wie vor im Farn, aus dem ohrenbetäubendes Gebrüll erscholl. Dann endlich tauchten die ersten schlanken Leiber von Rottieren auf und dazwischen auch die massigeren „Bodys" der Geweihten. Der Haupthirsch war beim besten Willen nicht auszumachen. Halbstarke trieben Junghirsche vor sich her, preschten über die Lichtung und wieder zurück, hinein in das Tohuwabohu, das sich nun am Rand der Blöße staute. Es schien, als traute sich das Kahlwild nicht auf die freie Fläche. Von hinten wurde nachgeschoben, und schließlich quoll die Masse an Tieren heraus, füllte den Pfeifengrasstreifen und verschwand zum Teil gleich wieder auf der gegenüberliegenden Seite. Andere verweilten auf der Blöße, umkreist von „Möchtegernen", die augenblicklich das Weite suchten, als endlich ein stärkerer Recke auftauchte. Sein Geweih hatte mehr Wucht, besaß wenig Symmetrie und hoch angesetzte Mittelsprossen. Ich schätzte den Hirsch auf neun Jahre. Ob das ganze Kahlwild überhaupt nur zu einem Rudel gehörte, konnte ich in dem Durcheinander nicht ausmachen. Vielleicht handelte es sich um zwei oder gar drei Rudel und mehrere Platzhirsche?

Der Kampf um die Rangordnung

27. September 2015: Die Beihirsche haben ihre Rangelei beendet.

Die ersten Beihirsche und Tiere des großen Rotwildrudels erscheinen auf der Lichtung.

Die „Schneider" unter sich

Solche Durchmischungen können schon mal passieren, wenn viel Wild zusammentrifft, aus welchem Grund auch immer. Sie entwirren sich meistens schon nach kurzer Zeit. Bei dem „Knäuel" hier war es scheinbar genau so, denn plötzlich sah ich eine lange Kette Kahlwild aus dem Pfeifengrasbruch in den angrenzenden Kiefernhochwald wechseln, gefolgt vom Recken mit dem unsymmetrischen Hauptschmuck. Zurück blieben alle anderen von mir beobachteten Geweihten und natürlich viele Tiere. Augenblicklich beruhigte sich die ganze Situation. Der abziehende Hirsch schrie ein paarmal und erhielt Antwort aus dem Pfeifengras. Als ich die letzten Stücke aus den Augen verlor, trat Stille ein, absolute Stille. Kein Mucks war zu hören – oder doch? Instinktiv drehte ich mich um und erschrak! Hinter mir standen fünf Personen auf der Schneise – eine kleine Familie, vermutlich Mutter, Vater, Kind und zwei junge Männer. Vom Darß in Mecklen-

Der Platzhirsch inmitten des „Rotwildknäuels"

burg-Vorpommern kannte ich ja solche „Begleiter". Aber hier, in der touristisch nicht erschlossenen Provinz und Abgelegenheit, überraschte mich die Situation völlig. Das Brunftgetöse hatte die zufällig auf dem Hauptweg daherkommenden Waldbesucher wohl angelockt. Mich nahm das Geschehen so in Anspruch, dass ich nicht bemerkt hatte, was sich hinter mir tat. Die beiden jungen Männer trugen allerdings Ferngläser, waren also auf Wildbeobachtung aus. Reden wollte keiner. Grußlos drehten alle ab. Die Fernglasträger kletterten auf einen Hochsitz, bestimmt nicht angemeldet und abgesprochen mit dem Jagdpächter. Und ich fuhr mit meinem Zweirad nach Hause.

Einige Tage später hörte ich vom Donnerwetter, das über die beiden Burschen spätabends hereinbrach. In der Dämmerung stolperten sie, wahrscheinlich auf dem Heimweg, abseits der Wege direkt vor den Sitz des Weidmanns. Der brüllte wutentbrannt seinen Frust über das Verhalten von der Kanzel herab auf die verdutzten Kerle. Ich stellte mir die Situation bildlich vor und musste schmunzeln. Sie birgt aber auch eine Gefahr von Jagdunfällen in sich, die man nicht unterschätzen sollte.

Zwei Tage nach der Beobachtung des „Rotwildknäuels", das eine unvergleichliche Atmosphäre im Revier verbreitet

Ein Beihirsch treibt einen „Schneider".

und auf ganz eigene Weise die Faszination des Brunftgeschehens vermittelt hatte, fuhr ich frühmorgens in die Kiefernheide. Das Licht der gerade aufgehenden Sonne produzierte traumhafte Bilder. Die karge Natur des Forstes zeigte ihr romantisches Antlitz, hatte eher etwas von einem Märchenwald als von einer Holzplantage. Einige Hirsche meldeten. Da wo ich hin wollte, hörte ich keinen Laut. Trotzdem gab es für mich kein Zaudern oder Zögern. Das Altholz mit den mächtigen, hundertjährigen Kiefern blieb mein Ziel. Mein Zweirad lehnte ich an eine Zäunung, in der die jungen Eichen schon hoch im Holz standen, und pirschte die letzten Meter bis zum Kiefernwald mit größter Vorsicht. Die Kamera mit dem Teleobjektiv war bereit, die Lichtempfindlichkeit voreingestellt, um für jedwede Überraschung gewappnet zu sein. In dem Moment, als ich das weite Terrain überschauen konnte, dröhnte mit unvergleichlichem Hall ein Hirschruf zu mir herüber. Wie bestellt, als wäre es nur für mich inszeniert, erlebte ich Sekunden später das eindrucksvolle Werben eines starken Hirsches. Drei Tiere ästen im hohen Gras. Seine Majestät verharrte einige Meter abseits und äugte sie an. Mit tiefem Haupt näherte er sich einem Stück, trieb es in einer langen Schleife durch die mächtigen Kiefern. Mit dem Lecker berührte er den Rücken des Rottieres, das augenblicklich verharrte. Und dann ritt er auf. Steil ging sein gewaltiger Körper nach oben. Es war vollbracht! Wieder dröhnte der mächtige Ruf des Hirsches zu mir herüber, triumphierend und zufrieden. Das Liebesspiel wiederholte sich, sogar mehrfach. Eine seltene Gelegenheit für mich, die ich jedoch gründlich versaute. Das stellte ich jedoch erst nach der Beobachtung fest, als ich die Fotos auf dem Display des Fotoapparates betrachtete. Alles verwackelt und unscharf, denn der ISO-Wert für die Aufnahmen war, um das Bildrauschen zu reduzieren, zu niedrig eingestellt. Die daraus resultierende Belichtungszeit von 1/125 sec. reichte für die schnellen Abläufe des Beschlages nicht aus. Jeder, der so etwas schon einmal erlebt hat, der eine nur schwer wiederholbare Szene im Bild einzufangen versucht hat, kann sich meinen Groll vielleicht vorstellen. Da nützte es auch nichts, dass fast alle anderen Fotos der Serie gelungen waren.

Der Ärger verdarb mir im Nachhinein die Stimmung gehörig. Während ich das Brunftrudel beobachtete, spielte das keine Rolle. Was ich nicht weiß, macht mich nicht heiß!

Hirschbrunft 2015: Der kapitale Hirsch zeigt Dominanz, schreit lauthals in die morgendliche Heide.

Inzwischen schlugen in der näheren Umgebung mehrere Hirsche an, wahrscheinlich animiert von den Rufen des Recken. Der „sicherte" weiträumig seinen Platz, zog in alle Richtungen, äugte und lauschte nach der vermeintlichen Konkurrenz. Dabei kam er mir ziemlich nah. Jetzt erst erkannte ich den mächtigen Kasten. Die Geschichte unseres „Kennenlernens" werde ich so schnell nicht vergessen:

Während einer Pirsch auf Rehwild im April 2015 suchte ich die Saaten in der Feldmark am Rand der Heide auf. Viel zeigte sich draußen nicht. Ein einziger kleiner Sprung äste auf den Flächen. Als ich mich den Rehen gedeckt im Holz näherte, wäre ich um ein Haar auf eine Abwurfstange getreten. Daneben lag noch eine. Donnerwetter, das waren Knüppel! Als ich sie aufhob, wusste ich aufgrund des Gewichts und der Länge sofort, die stammen von einem Ausnahmehirsch.

Die Vermessung bestätigte meine Vermutung. Goldmedaille! Aufgrund der Wolfspräsenz in den Revieren und dem damit verbundenen unsteten Verhalten des Wildes hatte ich das konzentrierte und kontinuierliche Sammeln von Abwurfstangen aufgegeben. Es lohnte nicht mehr. Und nun so ein Fund, völlig überraschend und unerwartet. Der Jagdpächter staunte nicht schlecht, als ich sie ihm zeigte.

Abwurf Frühjahr 2015, Jahrgang 2014

Beim „Spender" der Stangen handelte es sich um den Recken, der nun vor mir im Holz nach dem Rechten schaute. Er trug wieder so ein Geweih, nur in der linken Krone mit einem Ende weniger. Ob es auch in diesem Jahr zur Goldmedaille reichen würde?

Es reichte nicht. Der mächtige 12-Ender mogelte sich erfolgreich ins Jahr 2016 und verlor seine Stangen etwa sechs Kilometer entfernt von der Abwurfstelle 2015. Das war zweifelsohne der Anwesenheit der „Grauhunde" geschuldet, die den einst ziemlich standorttreuen Hirschen das Leben schwer machten, sie in Bewegung hielten, beinahe jeden Tag. Die durchschnittliche Länge des 2015 getragenen Geweihes reduzierte sich gegenüber dem Abwurf vom Jahrgang 2014 um 3 cm, und auch die Stangenumfänge zwischen den Aug- und Mittelsprossen sowie die Umfänge der Rosen verloren 1–2 cm. Mit der geringeren Endenzahl ergab die Bewertung nach der internationalen Formel für Rothirschgeweihe letztendlich ungefähr 206 CIC Punkte. Für Hirsche vom 12.–13. Kopf ist dieser Knick in der Geweihstärke nicht ungewöhnlich und wird vornehmlich auf die hohe Brunftaktivität in diesem Alter zurückgeführt. Die beiden Abwurfstangen sind auf dem Foto nebenan zu sehen. Sie liegen vor dem abgeschärften Haupt des spätabends am 18. August 2016 erlegten Hirsches. Der hatte sich nur wenige hundert Meter von einem Dorf entfernt im Mais niedergetan. Dem zur Jagd eingewiesenen Gast passte es anfangs gar nicht, dass er gleich hinter dem Ort eine Kanzel beziehen musste. Was sollte hier schon „zu holen" sein oder in Anblick kommen? Dann saß er ab der 6. Abendstunde mit seinem Jagdführer auf dem Sitz, und eine halbe Ewigkeit geschah nichts. Aber wie das Leben so spielt, plötzlich erfuhr der eher missmutig angetretene und bis dahin langweilige Abendansitz eine dramatische Wendung. Eine Rotte von fast 20 Schwarzkitteln wechselte aus dem Hochwald kommend in den Mais.

Und es dauerte gar nicht lange, da tauchte aus dem Grün der Futterpflanzen ein gewaltiges Geweih. Ein Feisthirsch, aufgemüdet von den Schweinen, zog Richtung Kanzel. Auf einem kahlen Flecken im Feld hielt er inne. Wie ein Donnerschlag hallte der Schuss durch den stillen Abend, der den 220-Kilo-Klotz augenblicklich niederwarf. Sein vielfaches Echo brach sich in den schwarzen Waldmauern ringsum wie ein letzter lauter Gruß.

14-Ender, erlegt am 18. 8. 2016, ca. 216 CIC Punkte. An der linken Stange ist keine Eissprosse ausgebildet. Das dritte Ende von unten ist ein Wolfsspross, der zur Krone zählt. Vor dem Haupt des Hirsches liegen seine Abwurfstangen vom Frühjahr 2016. Geschätzte 206 CIC Punkte ergab die Bewertung des 2015 getragenen Geweihes.

Trophäenbewertung am „grünen Haupt":

	links	rechts
Länge der Stangen	110,20	111,00
Länge der Augsprossen	46,00	45,80
Länge der Mittelsprossen	40,50	42,50
Stangenumfang unten	19,60	17,20
Stangenumfang oben	16,30	15,10
Umfang der Rosen	29,20	29,00
Anzahl der Enden	7	7
Masse des Geweihes (geschätzt)	7,70 kg	
Auslage	2	
Krone	5,5	
Perlung	1	
Farbe	1	
Spitzen der Enden	1,5	
Eissprossen	1	
Gesamtpunktzahl (CIC Formel)		**215,80**

RIED, SUMPF UND FLACHWASSER

URIG WIE DAS MOOR

Schilf, nichts als Schilf! Das ist der erste Eindruck, wenn man aus dem Schatten des Waldes tritt und auf die Weite schaut, die sich vor einem öffnet. Doch diese Wahrnehmung täuscht. Immer wieder gaukeln Silberreiher hoch oben im Wind und tauchen dann im Sinkflug in das Halmenmeer. Ihr Gevatter mit dem unscheinbaren Kleid rudert mit heiserem Krächzen vorüber und lässt sich am Rand der wenigen offenen Wasserstellen nieder. Man hört das Geschnatter der Enten, die irgendwo im Pulk durch die Flachwasser rudern. Und mit etwas Glück entdeckt man auch den König der Lüfte, den Seeadler, wenn er hoch oben unter blauem Himmel die Thermik nutzend seine Kreise zieht. Ein uralter Plattenweg, gesäumt vom Röhricht und fast vollkommen vereinnahmt von der üppigen Pflanzenwelt, führt zu einer Kanzel und endete unweit dahinter an einem Graben. Auf diesem Sitz habe ich während der Hirschbrunft in der Frühe und an den Abenden viele Stunden verbracht.

Hier hat bis heute der Wolf noch nicht das Sagen, hier scheint alles noch so wie vor 100 Jahren. Obwohl, der erste Grauhund hat bereits an die Tür geklopft. Im Frühnebel eines beginnenden Sommertages im Jahr 2015 sah der Revierförster am Rande des Moores einen einzelnen großen Wolf, vermutlich einen Rüden. Tage später wurde eine weitere Wolfssichtung bekannt, 25 Kilometer südostwärts. Die Beschreibung passte. Es handelte sich wahrscheinlich um denselben Einzelgänger, den auch der Förster beobachtet hatte. Durchziehende Wölfe bringen das Leben des Rotwildes nicht durcheinander, zumal sie nur im Rudel diesem großen Wild wirklich gefährlich werden können.

In der Welt des Wassers und Schilfes wird es bestimmt noch einige Jahre dauern, bis der „Graue" Fuß fasst. Ja, diese wogende Weite, im Osten fast baumlos, auf der anderen Seite weiter fort eine sterbende Waldinsel umschließend, ist Heimstatt des Rotwildes

In der zweiten Hälfte des Monats August ziehen die Hirsche ins Moor.

Die meiste Zeit übers Jahr lebt hier nur Kahlwild, zieht seinen Nachwuchs hinter den schier undurchdringlich anmutenden Schilfmauern auf. Erst im August ändert sich das. In der zweiten Hälfte des Hitzemonats kommen die ersten Geweihten und bringen sich, wenn die Sonne sinkt, akustisch in Stimmung. Sie läuten die aufregendste Zeit des Jahres ein. Mal ein paar Tage eher, mal ein paar Tage später, aber immer im August.

Ich wollte es fast nicht glauben, als ich eines Tages bei einer Recherche für dieses Buch im Internet ein Foto des Moores sah. Das Bild stammte aus den 70er-Jahren des vorigen Jahrhunderts. Eine ferne Waldsilhouette ließ mich stutzen. Sie kam mir bekannt vor. Alles andere auf dem Foto war so weit weg von der Gegenwart, dass ich den zugehörigen Text mehrfach las, um einen Irrtum auszuschließen. Wie oft hatte ich auf der Kanzel mitten im Schilf angesessen und mir überlegt, welch Tohuwabohu hier vor 30 Jahren im Herbst geherrscht haben musste, zu einer Zeit, als der Rotwildbestand um ein Mehrfaches höher war als heutzutage. Diese Gedanken gaukelten mir überaus fesselnde Brunften und permanenten Anblick vor. Und nun? Totale Ernüchterung, denn vor 30 Jahren gab es hier nur Wiesen, nichts als Wiesen. Auf denen fraßen sich die Rinder der landwirtschaftlichen Produktionsgenossenschaften satt. Bei etwas intensiverem Nachdenken hätten mich die vielen schnurgeraden Gräben, die inzwischen natürlich zum Großteil durch Röhricht überwuchert sind, stutzig machen müssen. Das ist kein naturgegebenes Bild, das ist von Menschenhand geschaffen. Seit Jahrhunderten ist das Gebiet genutzt worden. Entwässerungsmaßnahmen gestatteten lokal Torfabbau, Weide und Mahd. In den 70er-Jahren des vorigen Jahrhunderts erfolgten dann umfangreiche Meliorationen. Ein Schöpfwerk wurde gebaut und die mit vielen Gräben aufgeschlossenen Flächen entwässert. Aus der trockengelegten Brache entstand Grünland, das bis zum Ende der 80er-Jahre für die sogenannte Tierproduktion zur Verfügung stand. Von wegen Wildnis und Romantik, nichts von alledem gab es damals. Ich bin bestimmt kein Ökofreak, der alles nur durch die Bio-Brille sieht. Aber in diesem konkreten Fall war die Renaturierung eine begrüßenswerte Alternative. Sie begann 1990 mit Aufgabe der landwirtschaftlichen Nutzung. Die aktive Entwässerung über das Schöpfwerk gehörte nun der Vergangenheit an. Der hohe Grundwasserstand förderte die Besiedlung der riesigen Grünlandflächen mit einer artenreichen Flora. Seggen, Strandsimse und Straußgras fanden hier neben vielen anderen Feuchtigkeit liebenden Pflanzen günstige Lebensbedingungen. Alles beherrschend wurde das Schilf, das die Gräben flankiert und in riesigen Horsten, an manchen Stellen durch Flachwasser zurückgedrängt, fast überall wächst.

Aufgrund der unmittelbaren Küstennähe kam es zu Meereseinbrüchen, die den Salzgehalt des Wassers in dem ausgedehnten Niedermoor erhöhten. Dadurch entwickelten sich Biotope, die man anderswo kaum findet. Hier wachsen Gagelstrauch, Lungenenzian und Sumpfwolfsmilch. Die Vogelwelt ist viel artenreicher als in den kultivierten Landstrichen. Sogar Bekassine, Rotschenkel und Kiebitz finden ausreichend Brutgelegenheiten und sind heimisch geworden. Zahlreiche Entenarten bevölkern die Flachwasser

Das Rotwild hat mit dem nassen Standort keine Probleme. In der brütenden Hitze der „Hundstage" im August bietet das Wasser eine willkommene Abkühlung.

und ziehen in der Wildnis des Schilfes ihre Jungen groß. Kormorane hocken auf den abgestorbenen Birken, und mit etwas Glück kann man sogar die seltenen Schwarzstörche beobachten. Aber nicht nur die Pflanzen- und Vogelwelt profitierte von der Renaturierung des Landstrichs. Die perfekte Deckung des Röhrichts (zu jeder Jahreszeit) ist dem Schalenwild ebenso willkommen. Schwarz- und Rotwild

nahmen deshalb sehr bald ihren Einstand im Schilfwald, der noch einen weiteren großen Vorteil zu bieten hat – absolute Jagdruhe! Die wenigen einsehbaren Flachwasser und Seggenwiesen versprechen zwar fast zu jeder Tageszeit guten Anblick, aber erlegtes Wild zu bergen ist unmöglich.
Von Nachsuchen ganz zu schweigen. Nicht nur die zahlreichen Gräben wären ein Hindernis, sondern vor allem der morastige Grund. Für uns Menschen ist das Gelände nicht begehbar. Das Wild weiß das zu schätzen und hat seinerseits überhaupt kein Problem damit, sich dort fortzubewegen. Am Rand der Gräben und auf kleinen Erhebungen findet es trockene Plätze zum Ruhen. Das Rotkahlwild lebt hier das ganze Jahr über und umsorgt im Schutz des Schilfes seinen Nachwuchs. Die Rothirsche stehen in den umliegenden Wäldern ein, meiden fast gänzlich die Niederung. Erst wenn sich der Sommer neigt, machen sie sich auf und

Kormoran auf der Warte

Die Thermik nutzend zieht der Seeadler seine Kreise.

Das ganze Jahr im Moor zu Hause

Das Schwarzwild fühlt sich im Niedermoor ebenfalls wohl.

ziehen in den Sumpf. Wenn dann am frühen, kühlen Morgen die Nebelschwaden aus den Gräben und Flachwassern steigen und das erste Licht alles ringsum in traumhafte Bilder taucht, ist die „hohe Zeit" gekommen. Es sind nicht nur die „10 heiligen Tage", die man hier erleben kann. Es ist unvergleichlich mehr.

Im September 2013 verbrachte ich fast vier Wochen an der Ostseeküste. Ich hatte mich bei mehreren Weidgenossen in verschiedenen Revieren angemeldet, um die Hirschbrunft zu verfolgen. Öfter als das Jahr zuvor saß ich jedoch in den Früh- und Abendstunden im Moorgebiet an. Mein Ziel war es, den sogenannten „Flammenhirsch", einen über zwölf Jahre alten Recken, zu fotografieren. In meinem Buch „Auf der Fährte der Hirsche" habe ich diesen außergewöhnlichen Hirsch vorgestellt. Dort endete die Geschichte des Hirsches eben mit dieser Brunft 2013.

Der schlammige Grund bietet vielfältige Möglichkeiten, sich zu suhlen.

Dem alten Hirsch fehlen beidseitig die Mittelsprossen.

Der junge Hirsch trägt ein abnormes Geweih.

Hier werde ich sie weiter erzählen, bis zu seiner Erlegung am 9. September 2014. Zuvor jedoch gab es ganz andere Begegnungen, frei nach der Weisheit: „Es kommt immer anders als man denkt." Ich dachte oder glaubte ja auch fest daran, dass ich den Hirsch in Anblick bekommen würde. Ein Trugschluss! Für mein Vorhaben wurden von Mitarbeitern des zuständigen Forstamtes extra zwei Hochsitze wieder hergerichtet. Auch wenn sich der „Flammenhirsch" kein einziges Mal zeigte, die Ausbesserungsarbeiten waren nicht umsonst. Als wollte mich das Moor dafür entschädigen, konnte ich gleich mehrere andere Hirsche mit ungewöhnlichen Geweihen beobachten. So erwischte ich eines Tages schon bei der Anfahrt zum Schilf an der Waldkante, bevor es hineingeht in den Röhrichtdschungel, einen ganz alten Recken. Der Brocken machte seinem Ärger über den augenscheinlichen Kahlwildmangel lautstark Luft. Was für eine Erscheinung! Ob des atemberaubenden Anblicks bemerkte ich im ersten Moment gar nicht, dass ihm beide Mittelsprossen fehlten. Wo sie eigentlich hingehörten, krümmten sich nur die starken Stangen, unsymmetrisch und wimmrig. So etwas sieht man wirklich nicht alle Tage. Im allerbestem Licht brachte ich eine ganze Bildserie zustande.

Der Hirsch äugte missmutig und unzufrieden drein. Nach einer Viertelstunde verließ er die Blöße, stieg durchs hohe Gras zurück in den Wald. Scheinbar wollte er sich die Mühen der Fortbewegung im Morast des Schilfes ersparen und nahm dafür den noch größeren Kahlwildmangel im grünen Holz in Kauf. Ein paar Tage später saß ich auf der Kanzel im Schilf und wartete wieder einmal vergeblich auf den „Flammenhirsch". Die Abendsonne ließ die Stämme der absterbenden Kiefern in der einige hundert Meter entfernten Waldinsel bereits braunrot leuchten, als vor mir aus der Schilfwand ein Hirsch mit ganz eng gestelltem Geweih herauszog. Mein erster Gedanke – das ist ein Abschusshirsch, wie er im Buche steht! Da war nichts normal. Beidseitig besaß er keine Augsprossen, sondern irgendwelche Knubbel an der Stangenbasis. Rechts fehlte die Mittelsprosse. Und links? Da gab es nur irgendein Ding zwischen Eis- und Mittelspross. Der „Schneider" konnte sicher sein, „Hahn in Ruh" galt während der ganzen Brunft. Aber natürlich würde er auch keine Hochzeit mit einem Tier erleben. Da wäre das abnorme Geweih kein Hindernis, seine Jugend aber schon. Er hielt sich nicht lange auf. Er lauschte dem Brunftkonzert und zog schließlich in leichtem Bogen über die Blöße wieder ins Schilf. Zeit genug für mich, um Herrn „Merkwürden" zu bestaunen.

Am nächsten Morgen saß ich wieder auf der Kanzel und fröstelte in der Morgenkühle. Da hätte mir eine wärmere

Im ersten Sonnenlicht zieht der „Moorhirsch“ an der Kanzel vorbei. Auch sein Geweih ist abnorm, wie sich später herausstellt.

Jacke gut getan. Wie Seidentücher trieben feine Nebel im kaum spürbaren Westwind über die wiegenden Halme des Schilfs. Mit dem aufgehenden Licht verschwanden sie, und alles glitzerte im Morgentau. Trotz des guten Wetters blieb das Brunftkonzert eher verhalten. Die Geweihten kamen nicht in Fahrt. Einen Moment vielleicht war ich unaufmerksam, und wie aus dem Nichts stand plötzlich ein Hirsch vor einem Schilfsaum, noch weit weg. Die tief stehende Morgensonne zeichnete ihn in warmen Farben, wie für ein Foto gemacht. Rabenschwarze Stangen, die linke viel kürzer als die rechte! Da stimmte etwas nicht. Nach ausgiebigem Sichern, das sich für mich wie eine Ewigkeit anfühlte, hielt er auf die Kanzel zu. Zum Ansprechen blieb überhaupt keine Zeit, da ich beim Fotografieren des mittelalten Burschen darauf achten musste, in den richtigen Momenten auszulösen. Obwohl mich der Hirsch frei anwechselte, störte immer wieder das hohe Gras, das sein Haupt zum Teil verdeckte. Neben einer Menge Ausschuss, den ich dabei produzierte, gelangen auch einige Bilder. 100 Schritt vor der Kanzel verschwand der Hirsch aus meinem Sichtfeld, tauchte in den Schilfsaum des mehrere Meter breiten Grabens direkt vor dem Sitz. Und dann schrie er, dreimal! So etwas hatte ich noch nicht gehört. Die enorme Lautstärke aufgrund seiner Nähe beeindruckte. Aber die Urgewalt der tiefen Stimme,

tiefer geht wohl nicht mehr, ließ mich erschaudern. Wie aus einer anderen Welt. Die Abgründe des Basses, ohne Heiserkeit, klar und rein, suchten ihresgleichen. Die wenigen Augenblicke, in denen ich das Geweih des Hirsches begutachten konnte, reichten nicht aus, um es sicher zu beurteilen. Insbesondere das Kronenbild der linken, kürzeren Stange gab Rätsel auf. Abnorm oder nur abgekämpft? Es sah eher nach den brachialen Spuren eines Kampfes aus. Wie abgeraspelt schienen die Enden. Allerdings – und das machte mich unsicher – waren keine weißen oder zumindest helleren Bruchstellen da oben zu sehen. Vielleicht doch abnorm? Gedanklich versetzte ich mich in die Situation eines Jägers, dem ein solcher Recke begegnet. Schießen oder nicht? Die Entscheidung für den Schuss aufgrund abnormaler Geweihbildung ist in der jagdlichen Praxis zwar selten, aber sie kommt vor. Besonders dann, wenn der Verdacht auf Vererbbarkeit besteht, ist sie unumgänglich. Während einer einzigen Beobachtung ist eine solche Entscheidungsfindung äußerst schwierig oder nahezu unmöglich, wenn die Merkmale der Abnormität nicht eindeutig sind. Denken wir nur an solche widrigen Umstände wie schlechte Lichtverhältnisse oder die viel zu kurze Dauer des Anblicks, eine zu hohe Bewegungsintensität des Stückes oder einen ungünstigen Blickwinkel. Hier im Niedermoor kann kein Weidmann in diesen Zwiespalt geraten, da Jagdruhe herrscht. Am Rande des Moores sähe das schon anders aus.

Ein Jahr später bekam ich dann Gewissheit. Das Geweih des Recken mit den rabenschwarzen Stangen, links oben wie abgeraspelt, war abnorm. Am 15. September 2014 saß ich bereits zwei Stunden auf meiner Lieblingskanzel mitten im Schilf. Die Hirsche machten sich rar. Kein einziger zeigte sich, und der runde Sonnenball sank, hing nur noch eine Handbreit über dem Horizont. Für den ausbleibenden Anblick entschädigte das Brunftkonzert ringsum, dem ich andächtig lauschte. Vor allem aus der gegenüberliegenden Waldinsel dröhnten die Schreie der Hirsche herüber. Dort hatten viele der Kiefern schon braune Kronen, jedes Jahr wurden es mehr. Der hohe Grundwasserstand forderte seinen Tribut, förderte das Sterben der Bäume unerbittlich. Ein Hirschruf – so laut, so tief, so urgewaltig – riss mich von einer Sekunde auf die andere aus meiner Andacht. Wie elektrisiert schaute ich nach rechts, den Graben entlang. Das war er, der Hirsch mit der einmaligen Bassstimme und dem merkwürdigen Geweih! Irgendwo da vorn, unsichtbar für

mich, stand der Recke im Schilf und übertönte alles. Wieder und immer wieder schrie er in den Abend. Fieberhaft überlegte ich. Ist er vielleicht auf die kleine Seggenwiese direkt an der alten Plattenstraße gezogen? Dort hätte ich eine Chance, ihn anzugehen. Die Betonplatten sind vom Wald aus parallel zu dem breiten Graben vorbei an meiner Kanzel verlegt. Etwa 200 Meter weiter endet die „Straße". Sie ist der einzige begehbare Zugang in die Tiefe des Schilfs. Ganz am Ende, an einem Quergraben, steht ein weiterer Hochsitz. Davor befindet sich die Seggenwiese, die absolut lautlos über den zugewucherten Betonweg zu erreichen ist. Kurz entschlossen verließ ich meine Kanzel und eilte in Richtung des Rufers. Der Wind passte optimal. Es blieb nur noch wenig Zeit, denn die glutrote Abendsonne versank bereits am Horizont. Je näher ich der Blöße kam, umso sicherer war ich mir, dass der Hirsch genau dort schrie. Als sich die Schilfwand zu lichten begann, verlangsamte ich meinen Schritt und pirschte mit größter Vorsicht weiter. Und dann war es geschafft. Zwischen den wiegenden Halmen sah ich den Recken im letzten Abendlicht mitten auf der kleinen Freifläche.

Er schritt abgewandt von mir ein paar Gänge durch das hohe Gras, die Gelegenheit, um mich so freizustellen, dass ich ihn fotografieren konnte. Nach den ersten Bildern löste sich die fast unerträgliche Anspannung, die mich erfasst hatte, schlagartig. Was für ein Gefühl! Es gab keine Zweifel. Das war er. Seine Geweihstangen wirkten massiger als das Jahr zuvor und die linke Stange noch kürzer. Ein wahrhaft traumhafter Anblick! Er tat mir den Gefallen nicht, noch einmal zu rufen, sondern zog nach mehrfachem Sichern wieder zurück ins Schilf. Das war knapp, aber gerade noch rechtzeitig für eine Bildserie, die ich mir immer wieder gerne anschaue. So ist das oft. Manchmal entscheiden Sekunden. Der Geweihte besaß vermutlich keine Chance, sich als

Platzhirsch zu behaupten. Nicht wegen seines abnormen Geweihes, eher wegen seiner zu geringen Konstitution. Da wateten ganz andere Recken durch die Flachwasser und den morastigen Grund des Schilfes. Er überlebte die Brunft unbeschadet, aber zum Ende des Jahres 2014 ereilte ihn der Tod. Etwa vier Kilometer weiter ostwärts fand er seine letzte Ruhe in einem Erlenbruch. Wie und warum und wann genau der urige Moorhirsch verendete, weiß niemand. Waldarbeiter fanden ihn und brachten das auffällige Geweih ins Forstamt. Viel mehr war von ihm auch nicht übrig geblieben, lediglich ein paar Reste von der Decke und Teile seines Skeletts.

Im September 2015 versteigerten Mitarbeiter des Forstamtes Abwurfstangen, Trophäen vom Rehwild und vom Rotwild. Darunter befand sich auch der schwarzstangige Moorhirsch. Ein guter Bekannter von mir erhielt den Zuschlag und konnte den imposanten und nicht alltäglichen Hauptschmuck mit nach Hause nehmen.

Wenige Tage bevor ich den Moorhirsch im letzten Abendlicht während der Brunft 2014 fotografierte, endete die Ära des sogenannten „Flammenhirsches". Im Herbst 2012 wurde er das erste Mal zur Brunft im Niedermoor bestätigt. Bis dahin wusste niemand, wo der Hirsch Hochzeit feierte. Zwei Jahre später, am 9. September 2014, traf den Recken am späten Abend auf einer Wiese am Rand des Moores die tödliche Kugel. Ich möchte diese jägerische Sternstunde niemandem vorenthalten, aber etwas aufschieben und jetzt von meinen letzten Begegnungen mit diesem Hirsch berichten.

Der Zufall wollte es, dass ich am 16. April im Jahr 2014 den Recken zur Mittagszeit in einem Mischwald, in dem er außerhalb der Brunftzeit immer lebte, in Anblick bekam. Er

Im letzten Abendlicht zieht der „Moorhirsch" über die Seggenwiese.

Fundhirsch: Die Maße und Dimensionen des Geweihes beeindrucken weniger als die besondere Ausbildung.

äste gemeinsam mit anderen Geweihten in einem lockeren Fichteneinstand. Einige ältere Kolbenhirsche hatten bis zum Kronenansatz geschoben, die jüngeren bildeten gerade den Mittelspross. Den Flammenhirsch erkannte ich sofort, da sein Augspross an der linken Stange ähnlich verdreht aussah wie 2013. Die Hirsche verließen ihre Deckung nicht. Deshalb ist das Foto auf der Seite 94 unten rechts, das den „Flammenhirsch" mehr schlecht als recht im „Busch" zeigt, der einzige Beleg für unser Zusammentreffen. Und auch in den nächsten Tagen meinte es Diana nicht sonderlich gut mit mir. Kein einziges Mal kam mir der Geweihte auf fotogene Entfernung in Anblick. So blieb nur die Hoffnung, dass ich bei meinem nächsten geplanten Revierbesuch im Juni mehr Erfolg haben und den Recken unter günstigen Umständen, wenn möglich richtig frei und bei bestem Licht, erwischen würde. Der Wonnemonat Mai war gerade vergangen, als ich mich wieder aufmachte, um die eben formulierten Wünsche zu verwirklichen. Wo die Kolbenhirsche (und im Besonderen der Flammenhirsch) einstanden, konnte mir niemand konkret sagen. Nur vage Vermutungen bekam ich zu hören, und so blieb mir nichts anderes übrig, als die ersten zwei Tage meines Aufenthaltes an der Küste für das Abfährten zu verwenden. In der Feldmark wuchs auf großen Flächen Raps. Wie nicht anders zu erwarten, wurde der natürlich von einigen Hirschen angenommen. Mein Kontrollergebnis verhieß nichts Gutes. Überall hatten die Ölpflanzen eine Höhe erreicht, die nicht nur die Häupter der Hirsche, sondern auch ihre Geweihe bis auf die Kronen verschwinden ließ. Da brauchte ich mich nicht anzusetzen. Keine Chance für Fotos. Sollte sich der „Flammenhirsch" entschieden haben, im Raps zu leben, war mein Vorhaben von vornherein zum Scheitern verurteilt.

Wie heißt es doch so schön – „die Hoffnung stirbt zuletzt". Diesen „Strohhalm" hielt ich fest, saß an vielen Stellen im Küstenwald und pirschte in Revierbereichen, die in den vergangenen Jahren häufig von den Kolbenhirschen frequentiert worden waren. So ließ guter Anblick nicht lange auf sich warten. Wenigstens drei Rudel hatten sich für den Wald als Einstand entschieden. Gegen Abend wanderten sie in Richtung Feldmark und traten da bestimmt auch aus. Die späten Stunden mit dem schwachen Licht taugten nicht für anspruchsvolle Bilder. Da verzichtete ich lieber auf einen Ansitz. Der „Flammenhirsch" befand sich in keinem der drei Rudel. Das wäre ja auch zu schön gewesen. Einige stattliche Recken kannte ich aber aus den vergangenen Jahren. Im nächsten Kapitel lernen wir zwei von ihnen kennen, den „Kanzler" und einen seiner Begleiter. Unten links auf dem Foto sehen wir den „Kanzler" inmitten eines äsenden Kolbenhirschrudels.

Mit meinen Basthirschfotos konnte ich durchaus zufrieden sein. Die Juniwoche neigte sich ihrem Ende entgegen, und in der engeren Auswahl für den späteren endgültigen Einbehalt befanden sich nahezu 500 Bilder, alle auf meinem Laptop gespeichert. Das entscheidende Manko daran war, keines der Fotos zeigte den „Flammenhirsch". Zwei Tage blieben mir noch, um den Hirsch aufzuspüren. Das war nicht viel. Als ich bis zur Mittagsstunde des Tages vor meiner Abreise kein einziges Stück Wild sah, weder ein Reh, ein Schwein noch einen Kolbenhirsch, begann meine Hoffnung zu schwinden wie das Eis in der Sonne. Das wird wohl nichts, dachte ich mir und begab mich etwas früher auf den Heimweg als sonst. Fern hörte ich eine Sirene – 13.00 Uhr! Ohne Eile lief ich ein Gestell entlang. Es führte zu einem großen Getreidefeld, das sich nach Osten zu einem Dorf öffnete, ansonsten aber vom Laubwald umgeben war. Wie ein riesiges Hufeisen machte es sich Platz im Wald.

Diese exponierte Lage führte logischerweise in der Vergangenheit immer wieder zu dramatischen Wildschäden.

Im Basthirschrudel auf der Waldlichtung befindet sich der „Kanzler", der jedes Jahr im Niedermoor brunftet.

Der „Flammenhirsch" hat sein Geweih bis zum Kronenansatz geschoben. Die linke Augsprosse ist untypisch ausgeformt.

In der Bildmitte sichert der „Flammenhirsch“, einer der stärksten Geweihten im Revier.

Deshalb entschlossen sich die Landwirte zu einer einschneidenden Maßnahme. Sie hausten das Feld mit einem Zaun komplett ein. An diesem eingezäunten „U“ wollte ich im Schutz des Waldes vorbei, um dann nach Osten Richtung Dorf abzuschwenken. Dort stand mein PKW. Eine knappe Dreiviertelstunde würde ich dazu bestimmt noch brauchen.

Der Laubwald lichtete sich. Da vorn befand sich ein Wiesenstreifen, der das Getreidefeld fast ringsum in unterschiedlicher Breite vom Wald trennte. Dort konnte das Wild überall äsen. Zur Mittagszeit meidet es in der Regel solche offenen Flächen, ist eher auf versteckten Lichtungen im Wald anzutreffen. In den Früh- und Abendstunden tritt es jedoch aus. Als ich den Waldrand erreichte und über die Wiese den leichten Hang hinab zum eingehausten Getreidefeld schaute, glaubte ich im ersten Moment an ein Trugbild. Nicht auf dem Wiesenstreifen, sondern im umzäunten grünen Getreide zog ein Hirschrudel in meine Richtung, bestimmt noch 400 Meter entfernt. Der Wind stand mir schräg im Rücken, auf die Hirsche zu. Schleunigst zog ich mich in den Wald zurück und versuchte mich als Crossläufer. Was gab es da alles für Hindernisse – gestürzte Baumstämme, Sumpflöcher, Grashorste voller Geäst, Brombeersträucher. Mein Ziel war, außer Wind zu kommen und an die Südwestecke des Schutzzaunes zu gelangen. Gut 250 Meter musste ich dafür über Stock und Stein zurücklegen. Am Ende der Tortur pumpte ich wie ein Maikäfer, aber es war geschafft. Das Rudel befand sich kaum 150 Meter von mir entfernt. Bei dem hohen Puls die Kamera ruhig zu halten, fiel nicht leicht. Die pralle Sonne ermöglichte jedoch kürzeste Belichtungszeiten, sodass selbst kleine Wackler nicht zu unscharfen Bildern führen würden. Die UV-Strahlung bei solchem Licht ist da weitaus gefährlicher und die wesentliche Ursache für Unschärfen. Schon während der ersten Bildserie entdeckte ich mitten im Rudel den „Flammenhirsch“. Da sich noch mehr solcher Brocken in dem Trupp befanden, fiel seine eigentlich überragende Stärke gar nicht auf. Es dauerte eine ganze Weile, bis der Hirsch so „posierte“, wie ich es haben wollte. Außer dem abwärts verdrehten Augspross an der linken Stange, besaß der Hirsch auch einen ähnlich anormal ausgebildeten Eisspross. An der anderen Stange befand sich ganz unten eine regelwidrige Sprosse, die an der Rückseite der Stangenbasis herauswuchs. Und auch die mickrige Eissprosse passte eher nicht zur der Vorstellung, die man von einer sogenannten edlen Ausformung hat.

Insgesamt schien mir aber die rechte Seite des Geweihes stärker ausgebildet zu sein als im Jahr 2013. Ein toller Hirsch, etwa 14 Jahre alt!

„Diana“ war mir gnädig gewesen und ich mehr als glücklich. Was für ein Zufall, dass ich gerade in dem Moment das Getreidefeld erreichte, als das Hirschrudel dort im allerhellsten Sonnenschein äste. So etwas ist weder vorhersehbar noch kalkulierbar. In dem äsenden Trupp befanden sich außer dem „Flammenhirsch“ zwei Hirsche, von denen in den letzten Jahren regelmäßig Abwürfe gefunden worden sind. Der Recke links auf dem Foto in der Mitte dieser Seite macht einen stattlichen Eindruck. Er ist aber richtig jung – vom 5. Kopf! Die Abwurfserie ganz unten links beweist das. Der Hirsch rechts in demselben Bild hat hingegen das Reifealter erreicht und ist wenigstens 10 Jahre alt. Auf dem Foto unten rechts sind die Geweihstangen zu sehen, die er im Februar 2015 abgeworfen hat. Auf dem Lebendbild im Bast prahlen sie natürlich mächtig, sind jedoch nicht so stark wie vermutet. Für eine „Goldmedaille“ reicht es nicht. Da fehlen einige wenige Pünktchen. Trotzdem ist es schon etwas Besonderes, wenn sich so viele starke Hirsche in einem einzigen Rudel versammeln. Der Trupp vor mir im Sonnenschein brach unvermittelt die Nahrungsaufnahme ab. Scheinbar fühlten sie sich so weit draußen, mittags um halb zwei, doch nicht wohl. Der Jüngste zog voran, quer übers Feld, zu einem Zaunabschnitt, der schon des Öfteren überfallen wurde. Ich schaute zu, wie sich das Rudel immer weiter entfernte und schließlich hinter einer leichten Anhöhe, dort wo der

Zaun dicht an den Wald heranrückte, verschwand. Als ich am nächsten Tag nach Hause in die Lausitz fuhr, ahnte ich nicht, dass ich den „Flammenhirsch“ lebend nie mehr sehen würde. Die Sommermonate pirschte ich in der Kiefernheide ziemlich erfolglos, da sich das Wild durch die verstärkte Wolfspräsenz rar machte.

Mitte August telefonierte ich mit dem Revierförster, der das große Niedermoor an der Küste betreute und kündigte meinen Besuch für den Herbst an. Aufgrund einer Familienfeier Anfang September 2014 konnte ich jedoch erst am 10. des Monats zur Hirschbrunft an der Ostsee anreisen. Am gleichen Tag meldete ich mich nochmals beim Revierförster und teilte ihm meine Ankunft mit. In dem Gespräch erfuhr ich dann von der Erlegung des „Flammenhirsches“. Der Revierförster selbst war der glückliche Schütze. Am Tag zuvor, abends am 9. September, traf den kapitalen Hirsch die tödliche Kugel. Gemeinsam mit seinem Großvater, einem erfahrenen Jäger, saß der junge Forstmann seit dem späten Nachmittag auf einer Kanzel am Rande des Niedermoores im Schatten alter Eichen am Waldsaum.

Auf der weiten Salzwiese davor regte sich nichts. Dafür lärmten die Hirsche in der gegenüberliegenden Waldinsel des Moores mit erstaunlicher Intensität. Das urgewaltige Konzert, immer wieder unterbrochen von ineinander krachenden Geweihen, ließ vermuten, dass da ohne jeden Kompromiss ums Kahlwild gekämpft wurde. Die Wut und Aggressivität in den Stimmen der Hirsche ließen keinen anderen Schluss zu. Selbst als das Licht zu schwinden begann, war da drüben scheinbar noch nichts entschieden. Erst im fahlen Grau des Abends, nach einem letzten Kampfgetümmel, mischte sich ein anderer Klang in das Brunftkonzert. Als wären die Fronten geklärt. Enttäuschung und ärgerliche Wut schwang da bei einem der Kämpen mit. Und beim anderen, beim Gegner, glaubten die beiden andächtig lauschenden Weidmänner eher triumphale Töne zu hören. Dann rauschte es drüben am Graben. Mit Wucht hatte sich dort bestimmt ein Hirsch ins Wasser gestürzt. Jeden Moment konnte er in Anblick kommen. Und wirklich – ein mächtiges Geweih schob sich aus dem Röhricht des Grabenufers. Nach wenigen Gängen auf die Wiese wendete der Recke das Haupt und schrie zurück zur Waldinsel. Von dort erhielt er Antwort. Man musste kein Experte sein, um diesen Ruf zu deuten. Es war der Schrei des Siegers. Im lichtstarken Fernglas erkannte der Revierförster den über die Wiese ziehenden Verlierer sofort. Der „Flammenhirsch“! Der hatte das Alter! Aber die Entfernung zum Recken betrug bestimmt 300 Meter. Zu weit

Trophäenbewertung:	links	rechts
Länge der Stangen	111,50	102,50
Länge der Augsprossen	32,10	43,20
Länge der Mittelsprossen	41,80	36,30
Stangenumfang unten	16,30	16,10
Stangenumfang oben	15,50	14,60
Umfang der Rosen	28,00	27,00
Anzahl der Enden	9	10
Masse des Geweihes	8,70 kg	
Auslage	2	
Krone	7,0	
Perlung	1,5	
Farbe	2	
Spitzen der Enden	1,5	
Eissprossen	2	
Gesamtpunktzahl (CIC Formel)		**215,07**

Bei der Bewertung der Trophäe erfolgten keine Punktabzüge. Starke Formabweichungen der Aug-, Eis-, und Mittelsprossen und die sehr verschiedenen Stangenlängen können allerdings mit Abzügen bedacht werden. Erst ab dem 13. Kopf begann sich bei diesem Kapitalhirsch die rechte Geweihseite zu verkürzen, zeitgleich mit den Formabweichungen der linken Aug- und Eissprosse. Beim 12. Kopf hatte nur die rechte Stange Regelwidrigkeiten an der Basis. Hirsche mit kurzen, nach unten gebogene Augsprossen oder mit von Natur aus fehlende Augsprossen werden von einigen Autoren, unter anderem Wagenknecht, Rotwild, VEB Deutscher Landwirtschaftsverlag Berlin 1981, unabhängig vom Alter als abschussnotwendig erachtet. Diese Bildungen sollen sich oftmals sehr hartnäckig vererben. Ist man der Ansicht, dass zu einem formvollendeten Geweih eine nach oben schwingende, gut ausgebildete Augsprosse gehört, kann man sich dieser Meinung anschließen. Aufgrund der in den letzten Jahren vehement geforderten Bejagung des Rotwildes ausschließlich nach Altersklassen rückt das Geweih jedoch immer weiter aus dem Fokus. So nimmt es nicht Wunder, dass solche Details inzwischen oftmals keine Rolle mehr spielen.

für einen sicheren Schuss. Das war's dann wohl! Aber nicht für den Großvater. Mach dich von der Kanzel und geh ihn an! Der Enkel gehorchte und lief, so schnell er bei dem unwegsamen Gelände konnte, am Waldsaum entlang Richtung Hirsch. Der schrie immer wieder seine Enttäuschung in den sinkenden Abend. Das kostete Zeit. So viel, dass der Revierförster im Anschlag stehend, die Waffe an einem Baum angestrichen, den auf der Wiese anwechselnden, ziemlich ramponierten Recken aus ganz geringer Distanz erlegen konnte. Was für ein Abend! Welche Glückseligkeit für den Schützen und was für eine Feier zu Ehren des kapitalen Geweihten!

Die außergewöhnliche Trophäe des Hirsches hat neben den untypischen Ausbildungen im unteren Bereich noch eine weitere Besonderheit. Aus dem linken Rosenstock ist separat ein weiteres Ende gewachsen.

DER „KANZLER"

Im Jahr 2012 erlebte ich in dem großen Niedermoor, das so ganz anders ist als alle anderen Landschaften, in denen ich bisher unterwegs gewesen bin, das erste Mal einige Tage die Hirschbrunft. Der verantwortliche Revierförster, der gleichzeitig als Naturschutzbeauftragter für das renaturierte Gebiet fungiert, hatte mir eine offene Kanzel für die Beobachtung des Rotwildes zugewiesen. Sie bot die unübertreffliche Möglichkeit, an der „hohen Zeit" teilzuhaben, ohne dass die Akteure des für mich unvergleichlich spannenden und interessanten Ereignisses Verdacht schöpften. Die Abgeschiedenheit der beeindruckenden und so zivilisationsfern wirkenden Wildnis, die nahezu unzugänglich ist, weiß das Rotwild zu schätzen. Vielerorts zum Nachttier geworden, kann es hier seinen natürlichen Lebensrhythmus auch bei Tage ungestört verwirklichen. Für mich als Wildfotograf, der viel mehr und viel besseres Licht braucht als der Jäger, ist das ein Glücksfall. Die Kanzel gestattet einen weiten Blick in das Moor. Richtung Süden wechseln Seggenwiesen und Schilfsäume, die sich entlang der einstigen Entwässerungsgräben gebildet haben, einander ab. Dort ist das Rotwild außerhalb des Röhrichts hervorragend zu beobachten. Ein breiter Entwässerungskanal trennt die Ansitzeinrichtung von diesem Teil des Moores. Nach Norden erstreckt sich kilometerweit hohes Schilf, dessen geschlossener Wuchs nur an einer einzigen Stelle durch ein offenes Flachwasser zurückgedrängt wird. Lediglich dort besteht die Chance auf Wildanblick. Der Anmarsch zur Kanzel von Osten über den zugewucherten Plattenweg und weiter fort nach Westen, wo er bald endet, bietet kaum freie Sicht. Abgesehen von wenigen Lücken durch niedrigere Schilfpartien und zwei winzige Seggenwiesen verschluckt die hohe Vegetation selbst den stattlichsten Hirsch. Der privilegierte Beobachtungspunkt braucht den Wind aus südlicher Richtung. Dabei ist es gleich, ob der

direkt aus Süden, Südwesten oder Südosten kommt. Aus der Tiefe des Schilfs tönen die Schreie der Hirsche auch bei schlechtem Wind, aber auf die Seggenflächen vor der Kanzel darf davon kein Luftzug hingelangen. Für mich ist diese Wildnis von unvergleichlicher Faszination. Auf andere Menschen, die der Natur nicht so nah sind, wirkt der Landstrich wahrscheinlich eintönig und monoton, vielleicht sogar unwirtlich und bedrohlich. Denn jeder unbedachte Schritt abseits des Weges zur Kanzel kann dazu führen, dass man im Morast versinkt.

Bereits bei meinen allerersten Ansitzen im Moor beobachtete ich vor der offenen Kanzel einen außergewöhnlichen Hirsch. Seine Kronenenden machten einen brandigen, stumpfen Eindruck, fast schwarz und kaum vereckt. Es handelte sich um einen sehr alten Hirsch, der sich jedoch nicht die Butter vom Brot nehmen ließ. Er brunftete mit einem Tier und zeigte seinen Konkurrenten, wer Herr im Ring ist. Die waren zu seinem Glück auch viele Jahre jünger und wagten es nicht, die direkte Konfrontation zu suchen. Sie beschränkten sich auf Rufduelle, bei denen der Alte seine wahnsinnig tiefe und raue Stimme ab und zu in die Schilfgürtel schickte, wo sie sich aufhielten.

In der nächsten Brunft, im Jahr 2013, sah ich den Althirsch nur noch einmal an meinem Sitz vorbeiziehen. 150 Schritt entfernt wechselte er durch die Seggen, ohne einmal das Haupt zu heben. Wenige Stunden später traf ihn am Rand des Moores die tödliche Kugel. In meinem Buch, „Auf der Fährte der Hirsche“, habe ich von seinen letzten Minuten berichtet. An diesem Tag schaute ich zum ersten Mal dem „Kanzler“ direkt ins Gesicht. Der Name ist mir spontan eingefallen, da ich den Geweihten in dem Moment in Anblick bekam, als ich nach dem Besteigen der Kanzel über die Brüstung schaute. Da stand er und fixierte den Sitz. War ich der Grund für die ungewöhnliche Aufmerksamkeit des Hirsches oder der gerade abgeflogene Graureiher, der sich das Gestell als Warte ausgesucht hatte? Schon von weitem hatte ich den Schreitvogel, der auf der offenen Kanzel ausharrte, beobachtet. Als ich mich im hohen Schilf näherte, war ich mir sicher, dass er sie bald verlassen würde. Die Vögel sind scheu und halten eine große Fluchtdistanz ein. Doch es kam anders als vermutet. Das Langbein hielt aus. Kaum zu glauben, dass er mich noch nicht entdeckt hatte. Als uns keine 100 Meter mehr trennten, fotografierte ich.

Während der Brunft 2012 war der alte Recke auf der Seggenwiese vor der Kanzel „Herr im Ring“.

Auf der Kanzel

2013: Die erste Begegnung mit dem „Kanzler“

Das Geweih des „Kanzlers" ist aufgrund der auffälligen Knicke der Stangen unter den Mittelsprossen gut anzusprechen.

Im grellen Gegenlicht konnte das nur eine Silhouette werden. Aber die Situation reizte mich, und auf so ein Bild wollte ich nicht verzichten. Meine Verwunderung nahm zu, denn der Graureiher machte überhaupt keine Anstalten, seinen Platz aufzugeben, obwohl ich die Kanzel fast erreicht hatte.

Er tat mir den außergewöhnlichen Gefallen und duldete sogar meinen Vorbeimarsch an dem Holzgestell. Jetzt stand das Sonnenlicht fast in meinem Rücken und erlaubte mir eine Fotoserie mit allerbester Ausleuchtung. So etwas ist mir noch nie passiert. Erst als ich an die Hochsitzleiter trat, breitete er seine Schwingen aus und glitt davon. Oben angekommen, trafen sich dann unsere Blicke, der des „Kanzlers" und meiner. Trotz der einmalig seltenen Situation, zumindest in freier Wildbahn, hatte ich meine gewohnte Vorsicht nicht vergessen und nur ganz behutsam über die Kanzelbrüstung geschaut. Als der Hirsch sich für einen Moment abwandte, gelang es mir, unbemerkt das Teleobjektiv auf ihn zu richten. Und als er wieder zu mir schaute, bekam ich den Lohn für meine Vorsicht – das Bild vom aufäugenden Geweihten! Dann stieg er majestätisch durch das Flachwasser davon. Ohne jede Eile tat er das und gab mir somit die Gelegenheit für eine ganze Serie von Fotos – zum Greifen nah!

Der Bursche war jung, ein Zukunftshirsch mit auffälligem Stangenknick unter der linken Mittelsprosse. Ich schätzte ihn auf sechs bis sieben Jahre. Er blieb auf der Seggenwiese und schritt am Schilfsaum entlang. Immer wieder windete und sicherte er, wirkte etwas verunsichert. Vielleicht fürchtete er, dass ein Platzhirsch irgendwo nah im Röhricht ihm urplötzlich Beine machen würde. Schadlos überstand er jedoch seinen Streifzug und verschwand dann in der wogenden Wand des Stängeldschungels auf Nimmerwiedersehen für diesen Abend.

Am Nachmittag des nächsten Tages pirschte ich wieder auf dem Plattenweg ins Moor. Das Bauwerk aus DDR-Zeiten ist an vielen Stellen nur noch zu erahnen. Überwurzelt vom Schilf, moddrig durch steigendes und sinkendes Wasser, führt es einen knappen Kilometer bis zur Kanzel und ein wenig weiter. Wo Flachwasser bis zu den verlegten Platten

Längst kein seltener Anblick mehr: Silberreiher auf Beutejagd.

reichen, wächst das Schilf niedriger und fehlt in den tieferen Schlenken völlig. Auf diesen kleinen Teichen rudern zahlreiche Enten, Grau- und Silberreiher lauern auf Beute.

Mehrfach ist es mir da schon gelungen, die weißen Reiher mit ihren gelben Schnäbeln und dunklen Beinen zu fotografieren. Sie wirken durch ihr auffälliges Gefieder exotisch. Mit fast waagerecht gehaltenem Körper und steif vorgestrecktem Hals verharren sie, bevor der blitzschnelle Stoß nach Beute erfolgt. Vor 20 Jahren war das Auftauchen der Reiher in unseren Gefilden noch eine kleine Sensation, heut ist es in vielen Gegenden kein ungewohntes Bild mehr, wenn sie in Gruppen rasten oder auf Nahrungssuche gehen.

Der Weg zum Sitz brachte diesmal keinen Reiheranblick, und auch der äußerst vertraute, gefiederte Besucher von gestern zeigte sich nicht. Dafür entdeckte ich den „Kanzler“ mit einem Stück Kahlwild auf der Seggenwiese südöstlich von mir. Überraschenderweise zeigte der junge Bursche richtig Schneid bei der Werbung ums Kahlwild. Lauthals schrie er seinen Besitzanspruch ins Moor hinaus und hielt die Eleven erfolgreich auf Abstand, wenn diese versuchten, sich seinem auserkorenen Brunftplatz zu nähern. Die momentane Situation kam dem 14-Ender natürlich zupass. Kein reifer Recke machte sich wirklich die Mühe, ihm sein Rottier abspenstig zu machen.

Der junge „Kanzler“ mit seinem Tier

Der „Kanzler" hält sich die „Schneider" vom Leib.

Der Hirsch nebenan auf der anderen Seggenwiese will dem „Kanzler" nicht ans Leder, er wirbt um seine eigenen Tiere.

Der Hirsch auf dem Seggenstreifen nebenan, dessen Einstand ein Graben und ein Schilfgürtel vom „Kanzler" trennten, schien versorgt. Unbehelligt konnte er um seine beiden Tiere werben und hatte deshalb gar keine Veranlassung, in das Hoheitsgebiet des Zukunftshirsches einzudringen. Der einzige Kontakt der Platzbesitzer bestand darin, drohend zu melden, wenn sie ins Röhricht am Grabenufer einstiegen und sich dadurch nahekamen. Die natürliche Grenze, den alten Entwässerungsgraben, überschritt keiner.

Am darauffolgenden Morgen marschierte ich wieder ins Moor, in der Hoffnung auf erneuten Anblick und eine noch lebhaftere Brunft. Dabei stellte sich heraus, dass ich ziemlich unbedarft handelte. Meine Kleidung, die für die Abendansitze absolut geeignet war, erwies sich nun als nutzlos. Denn schon nach einigen hundert Metern auf dem verschilften Plattenweg machte der Morgentau die nicht imprägnierte Tarnjacke und meine Hose zu nassen Lappen. Als ich die Kanzel erklommen hatte und übers Moor schaute, konnte ich das Bild, das sich mir bot, nicht genießen. Die Nebelschwaden im mystischen Frühlicht, die Hirschrufe aus dem Schilf und die mit heiserem Schrei vorbeirudernden Graureiher boten eine beeindruckende Kulisse. Aber die Kälte der frühen Stunde drang erbarmungslos bis auf die Haut. Ich klapperte, was das Zeug hielt und dachte an ein warmes Bett. Die phantastische Stimmung des Morgens erreichte mich nicht, wurde gnadenlos durch meine unbehagliche Befindlichkeit ausgebremst. Eine vielleicht unbequeme, aber schützende Regenbekleidung wäre für den Marsch durchs Röhricht „Gold wert" gewesen. Den verhaltener werdenden Brunftbetrieb nahm ich schnell zum Anlass, um wieder abzubaumen und nach dem abermals mehr als nassen Weg aus dem Moor die restlichen sieben Kilometer in die Pension zu radeln. So einen Fehler macht man nur einmal. Die Tage darauf veränderte sich die Situation auf den Brunftplätzen nicht. Richtig starke Hirsche, die mit fortschreitender Brunft eigentlich regelmäßig auftauchen, blieben aus. Der „Kanzler" führte unbehelligt Regie auf der Seggenwiese, selbst dann noch, als der Hochzeitsreigen ringsum bereits deutlich abflaute.

In einem Wald, einige Kilometer vom Niedermoor entfernt, begegnete ich neun Monate später dem „Kanzler" wieder. Dort steht er außerhalb der Brunftzeit das ganze Jahr über ein. In dem laubholzreichen Revier stocken Eichen, Buchen und Eschen auf Böden, die eine weitaus bessere Nährstoffversorgung besitzen als das Brunftgebiet im Niedermoor. Es ist ein artenreicher Waldbestand mit Bäumen aller Altersklassen, mit etagenartigem Aufbau, so wie man sich ursprüngliche Natur vorstellt. Die schnellwüchsigen hohen Eschen konkurrieren mit den langsamer wachsenden Rotbuchen und Stieleichen und verlieren allmählich den Kampf um die Vorherrschaft im alles überspannenden Kronendach. Darunter finden die schattenverträglicheren Hainbuchen genügend Lebensraum. Sträucher wie der Traubenholunder oder Seidelbast vertragen das Halbdunkel ebenfalls und beherrschen die tieferen Etagen, während die meisten anderen Sträucher eher die Lichtungen oder den Saum des Waldes bevorzugen. In den Niederungen und Senken, wo die Nässe das ganze Jahr über steht, wachsen Erlen. Ihre Stelzwurzeln ragen wie märchenhafte, urtümliche Gebilde aus dem Wasser. Lokal finden wir außerdem Fichtenhochwälder und Fichtendickungen und die anspruchslosen Kiefern in kleineren Beständen. Vor allem auf den Blößen des Reviers ist das Äsungsangebot für das Wild reichlich. Die unterschiedlichsten Gräser haben hier ihren Platz, bis hinein in die zahlreich vorhandenen Birkenhaine und den Birkenanflug, der nahezu überall aufkommt, wo ausreichend Licht hingelangt. Dieser Wald sieht so ganz anders aus als

In ganz verschwiegenen Winkeln der Küstenwälder geht der Schwarzstorch auf Nahrungssuche.

der in der Niederlausitz. Sein Reiz hält mich gefangen, seitdem ich im Küstenland auf Rotwild pirsche. Im Gegensatz zum Moor, das den Menschen ob seiner Unzugänglichkeit weitgehend fernhält, gibt es hier eine touristische Infrastruktur mit Wander- und Reitwegen, mit Schutzhütten und Rastplätzen. Und das Angebot wird wahrgenommen, von Spaziergängern, Radfahrern und natürlich „hoch zu Ross". Das Rotwild hat sich an den Trubel, der vor allem an den Wochenenden herrscht, gewöhnt. Es kennt die Ruhezonen, die abseits der Wege vielerorts vorhanden sind.

Das laubholzreiche Revier bietet den Hirschen und anderem Wild im Sommer vortreffliche Deckung.

Dorthin zieht es sich zurück, gerät aber auch nicht in Panik, wenn ihm beim Einstandswechsel am Tag eine Gruppe von Wanderern sehr nahe kommt.

Dieser Wald ist nicht nur Heimstatt für die Hirsche, sondern auch ein Paradies für das Schwarzwild. Die Sauen bevorzugen mastbringende Misch- und Laubwälder mit Gewässern. Im nicht zu harten Boden sollte es auch morastige Gründe geben. Genau das bietet dieser Küstenwald. In guten Mastjahren werden die Eicheln und Bucheckern zur Hauptnahrungsquelle und garantieren ein starkes Fettpolster im Winter. Bei meinen Pirschen auf den „Kanzler" und andere Hirsche gab es immer wieder Begegnungen mit den Schwarzkitteln. Je nach Jagddruck war der Anblick häufiger oder weniger häufig. Sie reagieren sehr sensibel auf die Nachstellungen der Jäger. Herrscht für einige Zeit Jagdruhe, werden sie tagaktiv. Das sind dann für mich die lukrativen Zeitfenster, um auf die Sauen zu pirschen. Passt der Wind und die geräuschlose Annäherung gelingt, ist das Fotografieren nicht schwierig. Ungleich schwieriger ist es jedoch, gute Fotos zu machen. Schwarzwild im Gebräch, den Wurf im Boden, bietet nur in seltenen Fällen ausdrucksvolle Motive. Meist ähneln die Fraßsucher dunklen Haufen, deren Abbilder man anschließend fast ausnahmslos verwirft. Im richtigen Moment auszulösen wird mitunter zur Kunst. Denn manchmal muss man ewig warten, bis das Schwein aufwirft und erhobenen Hauptes in die Runde schaut. Viel sehen wird es dabei nicht, da der Sehsinn unterentwickelt ist, ganz im Gegensatz zum Gehör und zum Witterungsvermögen. Und dann braucht der Fotograf auch noch Glück, dass das nicht allzu hohe Stück nicht von der Vegetation verdeckt wird.

Sauen sind nicht nur wehrhaft, sondern auch sehr intelligent. Vielleicht sind das zwei der Gründe, warum sie für viele Jäger sogar ein begehrteres Jagdwild als das Rotwild sind. Auf Sauen zu jagen ist nicht ganz einfach. Man kann dabei viele Fehler machen. Wenn ihnen unprofessionell nachgestellt wird, sei es der voreilige Schuss an der Kirrung, die mangelhaft organisierte Drückjagd oder der schlechte Wind beim Ansitz und anderes mehr, hat das über kurz oder lang Konsequenzen dahingehend, dass sie ihre Aktivitäten fast ausschließlich in die Nachtzeit verlegen. So ist das in meinen Revieren in der Niederlausitz. Dort einen Schwarzkittel bei brauchbarem Licht vor die Kamera zu bekommen, ist so gut wie ausgeschlossen. Wenn man schnell genug ist,

| Unterwegs im Buchenwald

In den Niederlausitzer Revieren ist es schwieriger, die Schwarzkittel anzupirschen.

kann es ausnahmsweise doch klappen. Sollten sich die Rotten oder Einzelstücke in die Stangenhölzer nah an einem Weg einschieben, eröffnet sich die Möglichkeit, sie in den Baumreihen zu erwischen. Das sind Zufallsbegegnungen.

Ich kann mich nicht erinnern, sie in den letzten Jahren irgendwann und irgendwo mal bei Tage und im offenen Gelände bei der Fraßsuche beobachtet zu haben. Schwarzwildanblick gab es für mich meist erst, wenn ich wieder im Küstenland pirschte. Lediglich ihre nächtlichen Aktivitäten, die großen gebrochenen Flächen im Kiefernwald, an den Wegen und auf den Wiesen zeugen davon, dass die Schwarzen keineswegs besonders selten sind. Aber sie führen ein „Schattendasein", entziehen sich geschickt der jagdlichen Verfolgung, haben Überlebensstrategien entwickelt, die ihren Fortbestand garantieren. Und der ist in Deutschland und in Europa alles andere als in Gefahr. Die Jahresstrecken von erlegtem Schwarzwild auf dem Gebiet der Bundesrepublik Deutschland liegen mittlerweile über einer halben Million Tiere – und das mit steigender Tendenz. Nach milden Wintern wächst die Zahl der Sauen stark an, denn der Nachwuchs kommt zum größten Teil durch. Ihre Reproduktionsrate ist hoch, besonders nach guten Mast-

Auf dem Rückwechsel aus der Feldmark am frühen Morgen

Im Tageseinstand

jahren. Sehr oft werden schon achtmonatige Frischlinge erfolgreich beschlagen. Vier bis sieben „Frösche" pro Wurf sind die Regel, sodass sich der Bestand jedes Jahr explosionsartig vermehrt. Und jedes Jahr erwarten die Schwarzen gefüllte Speisekammern. Als unspezialisierte Allesfresser bietet ihnen nicht nur der Wald eine nahezu unerschöpfliche Nahrungsquelle, sondern auch die Felder mit ihren riesigen Mais- und Rapsschlägen und einer Vielzahl anderer Kulturen. Wildschäden „en masse" sind da natürlich vorprogrammiert, sehr zum Leidwesen der Landwirte.

Für die Jäger ist das eine riesige Herausforderung, die sie in ihrer Freizeit bewältigen müssen. Etwa 80 % der Frischlinge sind zu erlegen, damit die Bestände nicht anwachsen. Vielfach gelingt das nicht. Jagdliches Fehlverhalten verschlimmert die Situation. Besonders dann, wenn Leitbachen (was immer wieder vorkommt) gestreckt werden. Sie haben erheblichen Einfluss auf die Rauschsynchronisation, das heißt auf das gleichzeitige Rauschigwerden der Bachen in der Rotte. Werden sie erlegt, entsteht häufig das sogenannte „Rauschchaos", und die anderen Bachen können von den Keilern übers Jahr fast zu jeder Zeit beschlagen werden. Frischlinge vom Frühjahr bis in den Herbst hinein sind die Folge und machen das Jagen nicht einfacher. Sie erschweren die notwendige Reduzierung des Bestandes und bringen die Weidgenossen an ihre Grenzen.

Das Erscheinungsbild von Sauen hat mich seit frühester Jugend fasziniert. Nicht so sehr im Sommerhaar, das meistens kurz und grau ist, sondern im dunklen, fast schwarzen Winterhaar. Die dichte Unterwolle bietet nicht nur einen hervorragenden Kälteschutz, sondern macht aus den Wildschweinen beeindruckend bullige Typen. Das passt so richtig zu ihrer Wehrhaftigkeit. Die Gewehre und Haderer der Keiler und die Haken der Bachen sind effektive Waffen für die Selbstverteidigung. Die Keilergewehre wachsen ein Leben lang und werden durch die Eckzähne des Oberkiefers, die Haderer, permanent scharf geschliffen. Wehe dem, der ihnen nicht ausweichen kann. Gerade angeschossenes, weidwundes Schwarzwild hat so manchen unvorsichtigen Jäger bei der Nachsuche schon arg in Bedrängnis gebracht und sogar schwer verletzt. Bis auf einige mehr oder weniger heftige Scheinangriffe habe ich in den vergangenen Jahrzehnten zum Glück solche Situationen nicht erlebt. Häufig wurde ich auch durch das drohende Schnaufen und Blasen, wenn ich unverhofft und unwissend zu nahe an sie herankam, gewarnt. Dann brauchte es nur ein wenig Ruhe und Abgeklärtheit, und das aufgeregte Stück suchte meistens schnell das Weite.

Die bequemste Art, der Schwarzen habhaft zu werden, ist zweifellos der Ansitz an der Kirrung. Sehr oft, das gebe ich zu, habe ich das nicht getan. Als Waldläufertyp bin ich nicht der begeisterte Ansitzer. Für interessante Fotos nehme ich langes Warten natürlich in Kauf, zumal dabei oft auch unvorhergesehene Ereignisse das Ausharren beloh-

Bache im Winterkleid

Bache mit fast abgeschlossenem Haarwechsel ins Sommerkleid

nen. Der 4. Juni 2015 war so ein Tag. Ich saß bereits seit drei Stunden an einer Schwarzwildkirrung im Küstenwald und hoffte auf das Erscheinen der Schweine. Den Gefallen taten sie mir vorerst nicht. Dafür tauchten hinten aus dem Waldsaum Geweihte auf und ästen im hohen Gras des weitläufigen Bruchs. Ab und zu schaute ich durch das Objektiv meiner Kamera. Aber das Motiv wurde einfach nicht besser. In der sinkenden Sonne flimmerten die Halme des Grases und verwischten die Konturen der Hirsche. Als der rote Ball hinter den Wipfeln der Bäume verschwand, änderte sich die Situation schlagartig. Ein Geweihter ergriff die Initiative und zog zielstrebig von der Waldkante weg ins Offenland. Das Rudel folgte ihm. Immer näher kamen die Basthirsche, und bald hörte ich in der Stille der Dämmerung ihre knisternden Tritte. Das Rudel steuerte mit bemerkenswerter Gelassenheit direkt auf meine kleine Kanzel zu. Erst spät begriff ich, wohin sie wollten. Sie wollten zu mir – an die Kirrung!

Anwechselndes Basthirschrudel

Dort lag Mais. Beinahe gespenstisch wirkte die Abendstimmung im letzten Licht, als die großen Hirsche vor meinem Sitz zu äsen begannen. Der Leithirsch nahm als erster die Maiskörner auf. Ein zweiter, älterer Hirsch gesellte sich hinzu. Die anderen Geweihten hielten sich zurück, ästen im Gras oder sicherten ausgiebig.

Gegen 22.00 Uhr erschienen dann die Schwarzkittel. Zu diesem Zeitpunkt musste ich die Möglichkeiten meiner Kamera bis zum Letzten ausreizen, um verwertbare Bilder zu erzielen. Zum Glück spielte das Wild mit, beäugte sich argwöhnisch und reglos und gestattete somit lange Belichtungszeiten. Die Schweine trauten sich nicht an die Hirsche heran. Erst als diese abzogen, machten sie sich über die restlichen Maiskörner her. Für Fotos war es zu diesem Zeitpunkt zu spät. Selbst mit bloßem Auge musste ich mich schon mühen, um Details zu erkennen.

Rot- und Schwarzwild kommen sich in der Regel nicht ins Gehege, sind tolerant gegenüber dem anderen. Das schließt natürlich nicht aus, dass es auch mal Differenzen gibt. Die sind aber nicht fundamental, sondern allerhöchstens situationsbedingt und werden schnell wieder aus der Welt geschafft. Am Abend des nächsten Tages saß ich wieder auf der kleinen Kanzel und hoffte, dass die Hirsche noch einmal die Kirrung annehmen würden. Natürlich wartete ich auch auf die Sauen.

Sie waren ja ursprünglich der Grund dafür, warum ich gestern auf die Kanzel gestiegen bin. Aber die Geweihten dachten gar nicht daran. Sie ließen sich nicht blicken. Dafür erschienen bereits gegen 19.00 Uhr die Schwarzkittel – wie am Vorabend zwei Bachen mit ihren Frischlingen und zwei Überläufer. Das war selbstverständlich kein bunt zusammengewürfelter Haufen von Schweinen, die sich irgendwo getroffen haben, sondern eine Gruppe ganz eng verwandter Individuen. Als ich ihnen an der Kirrung so zuschaute, hätte man aber ganz anderer Meinung sein können. Anfangs gab es nur Streit, und zwar den allerheftigsten. Die Bache, die

Die Bachen haben Respekt vor dem Hirsch. Erst als er die Kirrung verlässt, nehmen sie die Maiskörner auf.

Rot- und Schwarzwild kommen in der Regel gut miteinander aus. Das Kahlwild und die Bachen mit ihren Frischlingen akzeptieren sich.

Die Bache droht dem Hirsch, vielleicht weil er ihrem Nachwuchs zu nahe kam.

die Rotte anführte, wollte das strenge Matriarchat, das bei den Schweinen herrscht, wohl besonders nachdrücklich unter Beweis stellen. Die Überläufer, die oftmals nach dem Frischen die Rotten verlassen müssen und nur vereinzelt geduldet werden, bekamen das brachial zu spüren. Unmissverständlich wurde ihnen klargemacht, dass sie sich bei der Futteraufnahme hinten anzustellen haben. Mit ihrem kräftigen Wurf fuhr ihnen die Bache in die Flanke und zeigte, wer das Sagen hat. Es ging ziemlich geräuschvoll zu, und manchmal fürchtete ich um die Frischlinge, die bei dem Tohuwabohu leicht hätten zu Schaden kommen können. Ein kräftiger, wenn auch ungewollter Tritt, ist für so einen gestreiften Winzling bestimmt kein Zuckerschlecken. Glücklicherweise passierte das nicht. Letztendlich stritten sich dann die Überläufer untereinander. Nach einigen Minuten kehrte Ruhe ein. Als wäre nichts geschehen, standen alle beieinander und taten sich an den Maiskörnern gütlich.

Das gute Licht zu dieser frühen Abendstunde kam mir bei den Fotos sehr gelegen. Dadurch wurden kürzere Belichtungszeiten möglich, sodass ich die anfänglichen Turbulenzen um die verstreuten Maiskörner „einfangen" konnte.

Im Familienverband herrscht eine strenge Hierarchie, die auch mit dem Einsatz von Körperkräften durchgesetzt wird.

Ein völlig anders geartetes Erlebnis mit dem Schwarzwild ist mir, obwohl schon sehr viele Jahre her, ebenso präsent wie die Beobachtung am Kirrplatz.

Damals, an einem Abend im August, saß ich auf einer Kanzel unweit eines Tümpels in der Niederlausitzer Kiefernheide. Es war spät geworden. Eine Stunde bis zur Dunkelheit blieb mir noch. Meister Reineke schnürte durch die Binsen zum Wasser. An der großen Suhle schwenkte er heftig ab und trabte im weiten Bogen eiligst auf meinen Sitz zu. Erst da verfiel er wieder in eine gemächlichere Gangart. Ich schenkte seinem Verhalten wenig Beachtung, obwohl es mir merkwürdig erschien. Viel mehr interessierte mich, ob der Kapitalhirsch, von dem mir der Jagdpächter erzählt hatte, noch austreten würde. Mit dem Fernglas leuchtete ich die Dickungsränder ab. Nichts rührte sich. Nur an der Suhle waberte einige Male Schlamm auf. Wahrscheinlich ein paar Frösche, die, Kühlung vor dem immer noch schwülen Sommerabend suchend, in das trübe Wasser hüpften.

Genau ausmachen konnte ich es nicht, da vor der großen Suhle Binsen und Binsenbülten die Sicht versperrten. Allerdings mussten es schon recht viele Frösche sein, die dort ihre

Sprünge absolvierten, denn die Geräusche drangen deutlich herüber. Vom Hochsitz bis zur Suhle waren es immerhin gute 100 Schritt. Es gibt eben Tage, da wundert einen gar nichts. Am Westhimmel zog drohend eine Gewitterfront auf, und das schnell abnehmende Licht tauchte alles in lebloses Grau. Höchste Zeit für mich, um aufzubrechen. Einen kurzen Abstecher zum Tümpel wollte ich aber noch wagen. Gesagt, getan! Zwei, drei Frösche plumpsten in das sumpfige Wasser. Sekunden später brodelte die Pampe, und ich erschrak gehörig. Aus den Schlammmassen der großen Suhle erhob sich ein Ungetüm – mit zwei Gewehren im borstigen Gesicht!

Ein uriger Basse hatte sich tief in die Suhle eingegraben, um sich abzukühlen. Nun stand er da, fast bis zur Unkenntlichkeit mit Schlamm bedeckt. Das gerade erlebte, sonderliche Gebaren des Rotfuchses und auch die Geräusche an der Suhle fanden damit eine einfache und logische Erklärung. Wäre ich aufmerksamer gewesen, hätte ich längst Verdacht geschöpft. So aber staunte ich den Klotz überrascht und überrumpelt an. Der grunzte ganz böse. Die knietiefe Pampe brodelte, als der Keiler mit wuchtigen Gängen aus der Suhle flüchtete. Sekunden später verschluckten ihn die Binsen und die Dämmerung. Diesen Augustabend werde ich nie vergessen. Er bleibt in meiner Erinnerung, denn ein Foto habe ich damals nicht gemacht. Es wäre mir auf Grund der Umstände auch gar nicht gelungen. Da bin ich mir sicher.

Dem August folgt der September, der schönste und interessanteste Monat für mich, solange ich denken kann. Über 40 Hirschbrunften habe ich inzwischen erlebt und kann immer noch nicht genug bekommen. Im Jahreslauf setzt sich der Hochzeitsreigen fort, denn es folgen die Brunften des Damwildes und die des Muffelwildes. Im November ist es dann so weit – die Schwarzen beginnen zu rauschen. Zwei, drei Monate ist Hauptrauschzeit, bis in den Januar hinein!

Die Rauschzeit ist für mich stets nur sporadisch Pirschzeit gewesen, meist mit schlechtem Licht und eher spärlichem Anblick. An manches Erlebnis erinnere ich mich immer wieder, andere sind längst aus dem Gedächtnis gerückt. An einem Nachmittag Ende November, ich glaube es war um die Jahrtausendwende, versuchte ich auf einem schmalen Pfad noch vor Einbruch der Dämmerung den großen wasserlosen Teich in meinem heimischen Revier zu erreichen. Wie ich auf früheren Pirschgängen anhand der vielen Fährten feststellen konnte, übten die verwaisten Fischgründe eine magische Anziehungskraft auf das Schwarzwild aus. Vielleicht boten die in den Wasserlachen verbliebenen und verendeten Fische den Sauen eine willkommene Bereicherung ihres Speisezettels. Durch das Dickicht sah ich bereits den Birkensaum, der sich unmittelbar am Teichufer befand. Da tauchte neben mir aus dem rauschenden Halmenmeer ein Geweih auf. Aug in Aug standen wir uns gegenüber, der starke

Hirsch und ich. Er drehte ab und wich zurück in die Büsche, an denen das Laub noch hing. Gewarnt durch diese Unvorsichtigkeit pirschte ich nun besonders langsam bis an den Rand des Teiches. Dunkel war es inzwischen geworden. Enten strichen mit singendem Flügelschlag am Himmel dahin und verschwanden so schnell wie sie kamen in der beginnenden Nacht. Im Teich sah ich ein Schwein. Mehr Haupt als Rumpf hatte der Basse da vorn. Sicher zählte er zu den ganz heimlichen Burschen, von denen man eigentlich nur die mächtigen Fährten zu sehen bekommt. Der Wind wehte mir ins Gesicht, und alles ringsum wisperte leise – der Schilfgürtel, das Gras und die laubtrockenen Blätter in den Bäumen und Büschen. Der erfahrene Keiler konnte mich nicht wittern.

Blitzschnell rutschte ich die Uferböschung auf der dem Teich abgewandten Seite wieder hinunter. Zwei Schwarzkittel, die im Schilf ganz dicht aufrückten, als ich über die Böschung schaute, machten das überstürzte Abtauchmanöver notwendig. Ich musste warten. Die Minuten verrannen, dann wagte ich einen Blick. Drei massige Gesellen in hereinbrechender Nacht harrten da aus. Der Keiler, viel größer als die beiden anderen Stücke, trat beinahe zaghaft an sie heran und fuhr mit seinem Gebrech unter den Pürzel der ihm am nächsten stehenden Sau. Ausgiebig bewitterte er sie. Dann hob er das dicke Haupt, zog einen Schritt vorwärts und stieß ihr in die Flanke. Der Keiler warb um die Gunst der Bache. Die Rauschzeit des Schwarzwildes hatte begonnen. Die Keiler sind, im Gegensatz zu den männlichen Tieren der meisten anderen Wildarten, das ganze Jahr hindurch zeugungsfähig. Aus den verschiedensten Ursachen rauschen manche Bachen erst oder erneut in den Frühjahrs- und Sommermonaten. So zum Beispiel, wenn sie ihren Wurf verloren haben oder wenn sie nach einer Erkrankung wieder genesen sind. Das Brunftverhalten der Keiler wird im Wesentlichen von den Bachen ausgelöst. Die werden immer unruhiger, nässen häufiger und markieren Äste und Baumstämme mit ihrem Speichel. Die Einzelgänger laufen die Markierungen an und kontrollieren den Geruch, um die Brunftbereitschaft der Bachen einzuschätzen. Sie suchen die Rotten, und auch ihre Erregung wächst. Sie sind nun bereit, mit all ihrer Kraft und ihrem Mut um die Gunst der „Schwarzwildschönen" zu kämpfen.

Nur wenigen Menschen wird es vergönnt sein, den Kampf von starken Keilern zu beobachten. Reife Keiler sind in den meisten Schwarzwildrevieren nicht gerade häufig anzutreffen.

So können sie in der Regel unbedrängt die Bachen in Besitz nehmen, denn die jüngere Konkurrenz weicht ihnen aus. Geraten doch einmal gleich starke Bassen aneinander, dann ist eine ernsthafte Auseinandersetzung durchaus möglich. Verhältnismäßig friedlich geht es zu, wenn sie sich auf das

Sauen im spätherbstlichen Buchenwald

Schulterstemmen beschränken. Sie versuchen sich gegenseitig wegzudrücken, drehen sich dabei unter Einsatz all ihrer Kräfte und Körpermasse im Kreis. Der Sieger beendet mit einem Imponierauftritt das faire Duell. Gibt es ein Unentschieden, gehen die Rivalen mit Drohgebärden auseinander. Manche Gefechte werden mit fürchterlicher Heftigkeit geführt. Es ist ein Schlagabtausch mit den Waffen. Die Keiler versuchen ihre rasiermesserscharfen Eckzähne dem Gegner mit Aufwärtshieben gegen Bauch und Schild zu schlagen. Der sogenannte Schild ist eine Hautverdickung aus Bindegewebefasern im Bereich der Schulterpartie und kann bei alten Bassen mehrere Zentimeter betragen. Er schützt sie im Kampf vor allzu schweren Verletzungen. Trotzdem reißen sich die Keiler in solch harten Gefechten tiefe und blutige Wunden. Ich selbst habe in den vielen Jahren, in denen ich Wild beobachte und fotografiere, noch nie solch einen Kampf erlebt. Es fehlte an Gelegenheiten, denn im Dezember und im Januar weilte ich nur selten in den Revieren an der Küste. Und in der Niederlausitz? Reife Bassen gehörten und gehören da wohl eher zu den Raritäten. Ein Aufeinandertreffen wäre deshalb ein absoluter Zufall und dabei zu sein ein wohl noch viel größerer.

Rauschzeit ist Winterzeit. So sollte es wenigsten sein. Wenn der Schnee hoch in den Wäldern liegt, was im Flachland in den letzten Jahren nur selten vorgekommen ist, dann zeigt sich die Natur von ihrer besonders romantischen Seite. Doch hohe Schneelagen über mehrere Wochen bringen dem Wild Hunger und Not. Ich kann mich noch gut an die langen und viel schneereicheren Winter früherer Jahre erinnern. An einem Dezembertag, es war vor der Jahrtausendwende, pirschte ich nachmittags im hohen Pulverschnee durch die stille Kiefernheide. Ein Rottier äste im Altholz. Es hatte sich mit den Läufen einige Heidelbeerbüsche frei geschlagen. Tiefer im Bestand entdeckte ich die anderen Tiere des Rudels. Sie rückten kaum weiter und ästen die kleinen, vom Schnee befreiten Flächen bestimmt erst vollständig ab. Sie mussten Energie sparen. Ich zog mich mit größter Vorsicht zurück, wollte das friedliche Bild keinesfalls stören und suchte mir einen neuen Weg. Bald warfen die schlanken Kiefern lange, graublaue Schatten. Eine frische Keilerfährte führte ins Stangenholz, gleich neben meinem Pirschpfad. Ich folgte ihr nur einige Meter, bis zu einer Stelle, wo Sauen den Boden aufgebrochen hatten.

Im Dezember ist Rauschzeit bei unseren Schwarzkitteln.

Nicht nur die Keiler streiten. Auch unter den Bachen kommt es zu Differenzen. Die Gründe: Rangordnung und Futterneid!

Richtig große Krater waren das. Die zur Seite geschleuderten und geschobenen Erdschollen trugen keine Schneehäubchen. Die tiefen Wunden waren dem Waldboden also erst vor wenigen Stunden beigebracht worden. Zwischen den Kiefernstämmchen des lichten Holzes wuchsen verstreut kleine Fichten. Plötzlich verstummte das feine Wispern der Meisen in den Kronen der Bäume und tiefes Schweigen lastete im Wald. Ein Geräusch ließ mich aufhorchen, keine 50 Schritt entfernt. Wie ein rechteckiger Kasten schob sich ein dunkler Keiler durch den hohen Schnee, schräg von mir weg. Sekunden später jagten keuchend und schnappend zwei Sauen vorüber. Schauerliche Töne drangen aus dem Forst, fast schreiend, fast brüllend. Ein Höllenspektakel, Hochzeitslärm! Wie gebannt lauschte ich hinüber und übersah dabei um ein Haar einen anderen Keiler. Der kam rasch näher. Ganz klein machte ich mich und stieg seitwärts in einen frisch gebrochenen Trichter. Wie ein Hase in der Sasse erwartete ich den Burschen. Mächtig sah er aus in seinem imposanten Borstenkleid. Und dann stand er vor mir. Keine zehn Schritt trennten uns. Unter der

Extreme Witterung macht den Frischlingen zu schaffen.

Kontaktliegen mit den Mitgliedern der Rotte

dichten Winterdecke waren seine kleinen Lichter kaum zu sehen. Aber ich fühlte, dass er mich fixierte. Misstrauisch knirschte er mit dem Gebrech. Der Basse wusste nicht, was er von dem Menschenklumpen da vor ihm halten sollte. Unschlüssig wandte er sein mächtiges Haupt hin und her. Eine schwache Brise Wind wurde zum Verräter. Der Keiler wich erschrocken zurück. Laut tönte sein drohendes und überraschtes Grunzen in die Winterlandschaft. Und dann machte er sich davon, verschwand mit raumgreifenden Fluchten im dämmrigen Holz.

Wenn der Wind eiskalt über die kahlen Äcker fegt und der Schnee mitunter noch fußtief liegt, werden bereits die ersten Frischlinge geboren. Die Bache hat ihnen ein Nest aus Gras gebaut. Wie ein großer Heuhaufen sieht es aus. Irgendwo im Kiefernjungwuchs oder im Altholz unter dem schützenden Schirm eines Fichtenhorstes versteckt sich die Wochenstube. Dicht gedrängt liegt der winzige Nachwuchs darin, hält sich gegenseitig warm. Das Kontaktliegen bei den Frischlingen dient der Aufrechterhaltung der notwendigen Körpertemperatur. Eine andere Möglichkeit

Überläuferbache mit ihren Frischlingen

haben die Kleinen nicht. Insbesondere bei extremen Minusgraden ist das überlebenswichtig. Das Kontaktliegen pflegen sie aber auch weiterhin, als Jugendliche und Erwachsene, denn das dichtgedrängte Beieinanderliegen hat eine erhebliche soziale Komponente.

Besonders in ihren ersten Lebenstagen, wenn sie der Bache noch nicht folgen und im Wurfkessel bleiben, sollte man es möglichst vermeiden, in die nahe Umgebung der Kinderstube zu geraten. Mit dem besorgten Muttertier ist dann keineswegs zu spaßen. Der viel zu früh verstorbene Amateurbiologe und Tierfilmer Heinz Meynhardt aus Burg bei Magdeburg, der mit seinen Studien am Schwarzwild bekannt geworden ist, hat festgestellt, dass die Bachen eine Mindestdistanz von etwa 20 Metern „fordern". Eine Unterschreitung derselben wird mit einem sofortigen Angriff des Muttertieres quittiert. Diese Erkenntnis kann man natürlich nicht verallgemeinern. Es ist ohne weiteres möglich, dass man den gut getarnten Kessel anläuft und die Bache sich nur wutschnaubend bemerkbar macht oder dass sie sogar ein Hasenherz hat und das Weite sucht. Das ist individuell sehr unterschiedlich und im hohen Maße auch altersabhängig. In der Regel sind die jungen Muttertiere furchtsamer als die älteren. Ganz sicher ist, dass die Kinderstuben immer bewacht sind. Bei größeren Rotten ist meist eine Bache direkt am Platz. Kleine Verbände oder einzelne Stücke behalten den Nachwuchs im Blickfeld. Die Aggressivität der Bachen nimmt rasch ab, und wenn die ersten Lebenswochen der Frischlinge vorüber sind, hat man beim Zusammentreffen mit ihnen kaum etwas zu befürchten.

Wer wie ich einen Großteil seiner Freizeit in den Wäldern verbringt, erlebt natürlich diese Situationen häufiger. Durch das manchmal bedrohlich wirkende Verhalten der Bachen entsteht der Eindruck, dass Gefahr im Verzug ist. Sie warnen ihren Nachwuchs mit tiefem Grunzen, ziehen mitunter sogar näher und täuschen einen Angriff vor. Mit der Zeit weiß man dieses Benehmen richtig einzuschätzen und verhält sich dementsprechend. Ein vorsichtiger Rückzug, immer mit Blick auf das gereizte Tier, ist das Beste was man tun kann. Selten gibt es kritische Momente. Aber es gibt sie, in der Regel provoziert durch ungeschicktes Agieren oder durch zufälliges Zusammentreffen ungünstiger Umstände. Diese außergewöhnlichen Erlebnisse vergisst man nicht. Später, im Kapitel „Der Kapitale aus dem Erlenbruch" komme ich darauf noch einmal zurück.

Nach der „Safari" auf die Sauen widmen wir uns nun wieder den Hirschen. Der „Kanzler" äste im Sommer 2014 mehr-

Sommer 2014: Oben äst der „Kanzler" auf der Waldlichtung. Unten sehen wir links auf dem Foto den „Kanzler" und rechts einen seiner Begleiter, der ihm 2015 den Brunftplatz streitig machen wird.

fach tagsüber auf Lichtungen, die überall in dem Mischwald zu finden sind. Ich traf ihn nie allein an, sondern immer mit Begleitern. Denen war er ebenbürtig, hatte ein starkes Geweih geschoben, das links acht Enden besaß. Hinter der vorderen langen Gabel schwenkte die Krone mit drei weiteren, kürzeren Enden ein wenig ab. Die rechte Seite seines Geweihes schien gegenüber dem Vorjahr fast unverändert. Viel mehr Wucht und Masse schaukelte da beim Äsen über die Lichtung. Das obere Foto zeigt den nun etwa achtjährigen Recken. Ein anderer Hirsch des Rudels fiel mir aufgrund seiner nach vorn gerichteten Augsprossen auf. Das sieht man nicht alle Tage. Den Enden fehlte der sonst übliche Schwung nach oben. Solche Ausformungen sind oftmals erblich bedingt und wiederholen sich bei ihren Trägern immer wieder. In diesem Fall war es so, denn ein Jahr später schaute das Geweih des Hirsches fast genau gleich aus. Da wurde er während der Brunft sogar zum unmittelbaren Konkurrenten für den „Kanzler".

In der Brunft 2014 glänzte er jedoch durch Abwesenheit und kam mir kein einziges Mal in Anblick. Ganz anders der „Kanzler", der sich mir ganz nah präsentierte – und das nicht nur einmal. Einen Tag nach meiner Ankunft an der Küste, am 11. September 2014, pirschte ich frühmorgens zum Hochsitz im Moor. Die imprägnierte, spezielle Kleidung schützte mich vor dem Tau, der auf den Schilfhalmen perlte und glitzerte, als wäre gerade ein kräftiger Regenguss niedergegangen. Nebelschwaden hingen über dem Schilf, und hoch oben schrien ziehende Kraniche, verborgen im Himmelsdunst. Mehrere Hirsche verhörte ich auf meinem Weg bis zur Kanzel. Zwei standen ganz nah, einen Steinwurf entfernt hinter dem breiten Graben, der parallel entlang der alten Plattenstraße verlief. Urigeres kann man eigentlich fast nicht erleben. Die gewaltigen Rufe, ohrenbetäubend

Der breite Wassergraben vor dem Hochsitz im Moor ist für das Rotwild beim Wechseln kein Hindernis.

aufgrund ihrer Nähe, vollendeten die grandiose Stimmung, die mich umfing.

Als ich über die Brüstung meines Sitzes schaute, entdeckte ich den „Kanzler" ganz nah auf der Seggenwiese. Er trieb ein Tier mit seinem Kalb ein paar Gänge durch die Bülten und röhrte dann mit voller Kraft hinüber zum Waldmoor, aus dem es zurückschallte, wutentbrannt, fordernd und triumphierend. Da rief mehr als ein halbes Dutzend im Konzert vereint, so vielstimmig, wie ich es in diesem Landstrich noch nie gehört habe. Wasser rauschte und spritzte. Ein junger Hirsch stürzte in den breiten Graben, in voller Flucht vor einem Geweihten, der 150 Meter südwestlich vom „Kanzler" einen Brunftplatz beherrschte. Die beiden kamen sich nicht in die Quere. Sie hatten ihr Kahlwild, Entwässerungsgräben begrenzten ihre Terrains. Auch südöstlich brunftete ein starker Hirsch und gab lauthals Kunde von seiner weiblichen Errungenschaft. Die Szenerie erinnerte mich an allerbeste Hochbrunftzeiten, obwohl der September gerade mal eine Dekade alt war. Eine Stunde später verstummten die meisten Recken ringsum, und das Feeling entsprach nun doch eher dem einer Vor- als einer Hochbrunft. Dieser Morgen ließ mich aber auf eine wilde und tolle Zeit im Niedermoor hoffen. Vielleicht würden es die „zehn heiligen Tage", die man nicht vergisst?

Um es gleich vorwegzunehmen. Die Brunft im Moor gehörte zu den guten, doch die hochgesteckten Erwartungen, die der erste Morgen geweckt hatte, konnte sie nicht erfüllen. Ab und zu spielte mir das Wetter einen Streich, indem es wie aus Eimern goss. Und oft wurden Kahlwild und Hirsche so spät rege, dass meine Kamera an ihre Grenzen geriet. Da galt es dann abzuwägen – Inkaufnahme von verrauschten Bildern, aber noch einigermaßen scharf oder viele Wackler und dafür weniger verrauscht. Der 18. September war so ein Abend. Als die Sonne bereits tief stand, begannen im Schilf und im Waldmoor die ersten Hirsche zu schreien. Dann zog das Tier des „Kanzlers" mit seinem Kalb auf die Seggenwiese, um zu äsen. Der Hirsch blieb im Röhricht, wühlte und wirtschaftete mit seinem Geweih so vehement umher, dass die Stängel teilweise mitsamt den Wurzeln aus dem Schilfsaum herausflogen.

Der „Kanzler" ist in der Brunft 2014 Platzhirsch auf der Seggenwiese, die sich auf der anderen Seite des breiten Wassergrabens befindet. Im Jahr 2013 war er dort ebenfalls der Haupthirsch.

Er brachte sich in Rage und schrie mit unglaublicher Lautstärke. Das wirkte wie ein Signal, dem ein wahrhaft infernalisches Gebrüll von allen Seiten folgte. Meine Anspannung stieg. In jedem Moment rechnete ich damit, dass irgendwo ein Geweihter aus dem Pflanzendschungel tauchen und dem „Kanzler" hautnah akustisch Paroli bieten würde.

Aber die Konkurrenz hielt sich bedeckt. Dafür kam mit weiten Fluchten vom Waldmoor her ein Eleve, ein ganz junger Bursche vom 2. Kopf. Als er sich dem äsenden Rottier und dem Kalb näherte, preschte der „Kanzler" aus dem Schilfsaum geradewegs auf den überraschten Junghirsch zu. Der drehte ab und schoss in hoher Flucht an meinem Sitz vorbei. Seinen blitzschnellen Abgang begleiteten die triumphalen Schreie des Platzhirsches. Der hatte seine Drohgebärden kaum beendet, als weit entfernt Kahlwild an der Stirnseite der Seggenwiese auftauchte. Sekunden später stellte sich ein stattlicher 12-Ender dazu, der ebenfalls seine Gefühle und Befindlichkeit lautstark zum Ausdruck brachte.

Zwei Brunftrudel befanden sich nun auf der Fläche. Würde die Distanz dazwischen ausreichen, dass die Platzhirsche nicht aneinander gerieten? Sie reichte aus, da das Kahlwild des 12-Enders nicht näher zog und sich Rottier und Kalb des „Kanzlers" unbeeindruckt vom Geschehen nach Südwesten wandten, ohne die Nahrungsaufnahme zu unterbrechen. Die Hirsche schrien sich aus gebührender Entfernung an, verspürten jedoch nicht den Drang, sich ihre Hoheitsgebiete streitig zu machen. Das machte ein anderer. Leider hatte er sich dafür nicht den „Kanzler" ausgesucht, der viel näher war, sondern den 12-Ender, der viel weiter entfernt brunftete.

Die Sonne war mittlerweile in die fernen Waldmauern gesunken, und das Licht nahm spürbar ab. Ich fixierte so gut es ging das Teleobjektiv auf die Brüstung des Sitzes, um die Belichtungszeit weiter zu reduzieren. Weniger als 1/100 sec. konnte ich mir allerdings nicht leisten, auch nicht bei perfekter Ruhigstellung von Kamera und Objektiv. Die Bewegung des Wildes musste ich berücksichtigen. Noch befand sich der ISO-Wert für die Belichtungsempfindlichkeit nicht im absolut kritischen Bereich. Der Neuankömmling verbarg seine Absichten keineswegs, sondern stieg nach einigen brachialen Wutschreien konsequent auf den 12-Ender zu. Das Vorspiel für eine Auseinandersetzung mit allem Drum und Dran? Pustekuchen! Alles wurde mir geboten – unendlich lange Parallelmärsche, Scheinangriffe mit blitzschneller Geweihdrehung zum Gegner, Rufduelle ganz dicht beieinander – nur kein richtiger Kampf. Ein ein-

ziges Mal banden sie sekundenschnell ihre Kronen. Dann beschränkten sie sich wieder auf die akustische Rivalität, abgewandt voneinander. Das ist deutliches Zeichen für Beschwichtigung, nimmt die Aggressivität aus der Begegnung. Die aber hätte es für ein Kampfgetümmel gebraucht. Scheinbar fühlte sich der Herausforderer nicht stark genug, um in der Auseinandersetzung bestehen zu können. Wie das Ganze letztendlich tatsächlich ausging, kann ich nicht sagen. Denn die Drohgebärden nahmen einfach kein Ende. Inzwischen reichte das Licht nicht mehr für Fotos, und selbst für die bloße Beobachtung wurde es wenig später zu knapp. Als sich nur noch dunkle, verschwommene Körper über dem Gras abhoben, beendete ich den Ansitz. Den „Kanzler" hörte ich in der Dunkelheit noch rufen, viel näher zur Waldinsel. Er war seinem Tier und dem Kalb gefolgt, unbeeindruckt von den Kämpen hier vorn auf der Seggenwiese.

Ungefähr eine Woche beobachtete ich den ungeraden 16-Ender noch im Niedermoor. Seinen Brunftplatz verließ er nur selten, ganz gleich, ob er Tiere dabei hatte oder nicht. In den letzten Septembertagen hielt ich vergeblich nach ihm Ausschau. Er zeigte sich nicht mehr. Vielleicht döste er in der Waldinsel oder anderswo abgebrunftet vor sich hin. Ich weiß es nicht. Sicher ist aber, dass er dem großen Moor irgendwann den Rücken kehrte und wieder in seinen Wintereinstand zog. Das ist der herrliche Mischwald, den ich auf den Vorseiten erwähnte, als ich den Hirsch im Bast vorstellte.

Im Februar 2015 wurden beide Abwurfstangen vom „Kanzler" gefunden. Sie wogen ein wenig mehr als sechs Kilogramm. Die durchschnittliche Stangenlänge betrug 104 cm, der Umfang der Rosen 26,5 cm. Der achtjährige Hirsch erreichte mit diesem Abwurf geschätzte 195 CIC-Punkte und lag demnach im Silbermedaillenbereich. Das ist recht ordentlich, aber nicht außergewöhnlich. Sicher wird aus ihm kein Spitzenhirsch, das muss es auch nicht.

In den letzten Junitagen 2015 begegnete ich dem „Kanzler" wieder im Mischwald unweit der Küste. An dem Wochenende herrschte rege Betriebsamkeit auf den Wegen. Viele Spaziergänger genossen die Natur, und allenthalben sausten Radfahrer in ganzen Gruppen an mir vorbei. Da schien der Gedanke mehr als fern, in einem solchen Umfeld auf Basthirsche zu pirschen. Doch Trubel gab es nicht überall.

Der Abwurf des „Kanzlers" aus dem Jahr 2015, Jahrgang 2014. Die Stangen wogen frisch ein wenig mehr als 6 kg. Die Stangenlänge beträgt im Mittel 104 cm, der Rosenumfang 26,5 cm – 195 Pkt. (geschätzt lt. CIC Formel).

Abseits der Hauptwege gelangte ich über Schneisen und Pfade relativ schnell in eine gefühlte Abgeschiedenheit. Wenn sie auch nur auf wenige Gebiete beschränkt war. Das reichte aus, um den Anblick zu haben, den ich wollte. Im Kapitel „Ende einer Sommerfreundschaft" werde ich auf die Begegnungen mit den Basthirschen im Sommer 2015 etwas näher eingehen. An dieser Stelle nur so viel: Die Fotos, die ich vom „Kanzler" machen konnte, zeigen ihn teilweise formatfüllend und mit einem fast fertigen Bastgeweih, das nahezu genauso ausgeformt ist wie 2014. Die Kronenbilder sind identisch, ebenso die Endenzahlen links und rechts. Und die Stangen besitzen wieder den moderaten Knick unter den Mittelsprossen. Alles scheint kaum stärker und wuchtiger als 2014, wobei man das erst nach dem Abstreifen der Basthaut endgültig beurteilen kann.

Der „Kanzler" im Jahr 2015 in seinem Sommereinstand auf einer Waldlichtung. Das neu geschobene Geweih sieht fast genauso aus wie das aus dem Jahr 2014.

Der Wasserstand im Niedermoor war im Herbst 2015 besonders hoch. Auf den vernässten Seggenwiesen sah man viele geflutete Stellen, und die Ufer der ehemaligen Entwässerungsgräben verschwanden nahezu im hohen Pegel des Wassers. Auch den Anmarschweg zu meiner Lieblingskanzel überspülte mancherorts das kühle Nass. Da machte ich mir schon Gedanken, ob das überhaupt etwas wird mit der Hirschbrunft. Der Revierförster, bei dem ich mich wie üblich zuvor angemeldet hatte, beruhigte mich zwar und meinte, das sei für das Rotwild kein Hindernis, aber Zweifel blieben. Sie schienen anfangs sogar berechtigt, denn Wildanblick gab es so gut wie nicht. Aber der Revierförster sollte recht behalten. Der hohe Wasserstand im Moor störte das Rotwild wirklich nicht. Für mich ist es immer wieder erstaunlich, mit welcher Gelassenheit sich das Wild in dem für uns Menschen kaum begehbaren Gelände bewegt. Schon beim Zuschauen bekomme ich kalte Füße. Dem Wild hingegen scheint es überhaupt nichts auszumachen.

In der unübertrefflichen Deckung des Röhrichts ist das Schilf die prägende Pflanze. Vielfach ist ihr Konkurrenzdruck so groß, dass sie alle anderen Arten verdrängt und Reinbestände bildet. Das Schilf ist im Frühjahr und Sommer auch eine bevorzugte, durch den hohen Zuckergehalt energiereiche und wohlschmeckende Äsungspflanze für das einstehende Kahlwild. Vor allem die Triebspitzen im Frühsommer werden mit Vorliebe aufgenommen. Die Tiere und Kälber teilen sich ihren mehr oder weniger aquatischen Lebensraum mit dem Schwarzwild und einer Vielzahl gefiederter Bewohner. Teichrohrsänger und Schilfrohrsänger, Bartmeisen, Knäkenten und Löffelenten, Kolbenenten und viele andere Entenvögel bevölkern das Röhricht oder die offenen Flachwasser. Reh- und Damwild meiden das Ried. Noch nie habe ich diese beiden Wildarten dort beobachten können.

Wenn der Herbst kommt, kommen die Hirsche. Sie wissen, wo das Kahlwild steckt. Sie gehen mit den aquatisch-terrestrischen Bedingungen genauso souverän um wie das weibliche Wild. Sie sind gute Schwimmer. Die Vollbäder im Moor durch die vielen schmalen und wenigen breiten Gräben fordern sie keineswegs. Sie stehen und ziehen auf der Suche nach Kahlwild und beim Werben um die Gunst der Tiere oft stundenlang in der kalten „Brühe". Das kostet sicher Energie. Wenn die Körpertemperatur in den Läufen allerdings herabgesetzt ist, was ich vermute, ist der Verlust verkraftbar.

Es hatte bestimmt nichts mit dem hohen Wasserstand im Moor zu tun, aber im September 2015 dauerte es einige Tage, bis die Hirschbrunft Fahrt aufnahm. Nahezu gespenstisch still blieb es an den Abenden, nicht ein einziger Hirsch ließ sich blicken. Ein kleines Kahlwildrudel, das ich beim Äsen in den Bülten beobachtete, machte mir jedoch Hoffnung, dass sich die Geweihten, die im Schilf und in der Waldinsel bestimmt bereits seit geraumer Zeit einstanden, über kurz oder lang melden würden.

Als ich am 10. September am Nachmittag den Sitz erklomm, flüsterte wieder nur der Wind im Röhricht. Das einzige, was ich an Tierstimmen hörte, war das heisere Gekrächze der vorüberfliegenden Graureiher. Die Sonne stand noch hoch am Himmel. Dann endlich zeigte sich ein Geweihter. 100 Meter entfernt von meinem Sitz wühlte er zwischen den Bülten mit seinen dunklen Stangen im Erdreich. Im hohen Bogen flogen Seggen und Dreck beiseite. Als er aufwarf und seinen stattlichen Hauptschmuck heftig schüttelte, landeten Grasbatzen auf seinem Rücken. Wie eine Erlösung

Tiefe Wasser sind für die Hirsche kein Hindernis.

empfand ich den Anblick, der sich mir bot. Und Sekunden später wusste ich auch, wer da vor mir so vehement den Moorboden durchpflügte. Es war der „Kanzler". Inzwischen ist es nun schon der dritte Herbst, an dem er sich genau auf diesem Platz einfindet. Das heftige Lichtspiel der grellen Sonne im Röhricht und Gras verdarb mir die Fotos, da die Konturen des Hirsches mit dem unruhigen Hintergrund beinahe verschmolzen.

Diffuses Licht ist da weitaus besser. Das kann man sich aber in freier Wildbahn nicht aussuchen. Der „Kanzler" verschwand nach wenigen Minuten wieder im Schilf, ohne Laut zu geben. Was ich in dem Moment nicht ahnte, war die Tatsache, dass ich den Geweihten diesen Herbst nicht ein einziges Mal mehr so nah zu Gesicht bekommen würde.

Der „Kanzler" hat sich beim Geweihwühlen seinen Hauptschmuck und seinen Rücken mit Grasplaggen „verziert".

In anderen Brunftgebieten, die ich zwischenzeitlich aufsuchte, lärmten die Hirsche schon voller Inbrunst, so wie ich es eigentlich auch im Moor erwartet hatte. Mitte September ging ich davon aus, dass nun endlich auch im Schilf die Betriebsamkeit des Hochzeitsgeschäfts beginnen würde. Vor 18.00 Uhr erklomm ich die Leiter des Sitzes. Oben angekommen schaute ich in die weite Runde. Enttäuschung – kein Stück Rotwild weit und breit! Eine halbe Stunde später hörte ich dann endlich den ersten Hirschruf. Drüben in der Waldinsel musste der Recke stehen. Dann schrie er noch einmal, nun bereits deutlich näher. Mit dem Teleobjektiv schwenkte ich die ferne Schilfkante ab. Irgendwo dort müsste der Rufer auftauchen, wenn er seinen Weg nicht unterbrach. Und wirklich, im Sucher der Kamera entdeckte ich den Hirsch, ordentlich vergrößert, aber noch sehr weit entfernt. Er zog aus dem Röhricht und schickte seinen Ruf ins Moor. Mit merkbarer Verzögerung kamen die Laute bei mir an, wie bei einem Film, bei dem die Bild- und die Tonspur nicht übereinstimmen. Nach einigen wenigen Auslösern betrachtete ich die aufgezoomten Ergebnisse am Display der Kamera und erkannte den Recken. Es war der „Kanzler". Er zog nicht näher, sondern blieb auf dem fernen Seggenstreifen. Sein neuer Brunftplatz? Die Antwort folgte auf dem Fuß. Eine Majestät erschien urplötzlich am Flachwasser ganz nah vor mir – der Recke mit den fast gestreckten Augsprossen, denen vorn der Schwung nach oben fehlt! Im Sommer 2014 hatte ich ihn fotografiert, als er mit dem „Kanzler" auf einer Waldblöße äste.

Der neue Platzherr

Vor dem Duell um den Brunftplatz

Er bestimmte fortan das Geschehen vor meinem Sitz. Zwischen ihm und dem „Kanzler" gab es ein Geplänkel, das die territorialen Ansprüche wohl endgültig klärte. Sie zogen mit Drohgebärden am Entwässerungsgraben entlang, der ihre Brunftplätze voneinander trennte. Auf und ab schritten die Recken. Immer wieder stieß der neue Platzhirsch mit dem Geweih voran hinab ins Grabenufer und tat so seine Bereitschaft kund, keinen Schritt zurückzuweichen. Ich bin mir sicher, der „Kanzler" auf der anderen Seite tat das gleiche. Der Schirm des Schilfes verdeckte ihn jedoch, gönnte mir keinen Blick hinüber. Dann fuhr der Alte wieder hinein ins Röhricht und verschwand, begleitet vom Rauschen des Wassers, das er in Sekundenschnelle durchrann. Das Krachen aufeinanderprallender Geweihe kündete vom Finale. Es dauerte nicht lange, kaum zwei Minuten, und der „Neue" kehrte zurück. Mit donnerndem Schrei beendete er das Duell, ein für allemal. Die Antwort des „Kanzlers" klang nicht weniger selbstbewusst. Der Burgfrieden schien beschlossen.

Am späten Nachmittag des folgenden Tages erlebte ich Tristesse pur im Moor. Erst als die Sonne unterging und das Licht fahl und grau wurde, begann mit einem Male wildes Treiben. Bis dahin hatten die Hirsche geschwiegen, als wäre ihnen eine „Laus über die Leber gelaufen", als hätten sie eine dringende Pause nötig gehabt. Vielleicht lag es auch am gestern beschlossenen Burgfrieden der beiden Kämpen? Von der Seggenwiese her, auf der der „Kanzler" Regie führte, ertönte urplötzlich ein wutentbrannter Schrei. Kurz darauf hörte ich ein Prasseln im Schilf. Wildkörper klatschten ins Wasser, und dann preschten zwei junge Hirsche aus dem Röhricht des Grabenufers heraus genau auf meinen Sitz zu. Auf der vernässten Fläche unmittelbar vor der Kanzel stoppten sie ihren Lauf und äugten zurück zum Schilfsaum, aus dem sie soeben mit hohen Fluchten daherkamen, als würden sie vom Teufel verfolgt. Und der erschien dann auch und schickte ihnen eine Warnung herüber, einen drohenden Schrei, mit voller Kraft und Inbrunst. Der tat seine Wirkung, und die beiden machten sich davon. Sie wollten nicht weiter in meine Richtung, denn da gab es ein Hindernis, das breite Wasser des Grabens. Ein zweites Bad sollte wohl nicht sein, und deshalb ging es ab nach Osten über die Seggenwiese, fort von dem Unhold, der so fürchterlich schrie. Es war der „Kanzler", der sich an diesem Abend endlich Luft machte. Viel zu spät für meine Kamera, die ich wenig später in der Tragetasche verstaute. Der Platzherr kehrte zurück auf seinen Seggenstreifen und rief – unsichtbar für mich hinter der Wand des Schilfes –, was die Lunge hergab. Andere machten nun endlich ein Konzert daraus, das ich noch ein paar Minuten genoss. Dann wurde es Zeit abzubaumen, denn die Konturen der Moorwildnis verloren sich bereits in der hereinbrechenden Nacht. Als ich die Leiter hinunterstieg, geschah etwas hinter meinem Rücken, das ich in den wenigen Sekunden, die mir verblieben, weder erfassen noch zuordnen konnte. Rauschen, Brechen, Stampfen und Gebrüll, eine tobende Walze donnerte auf die Leiter zu und um Haaresbreite an mir vorbei ins Wasser vor der Kanzel. Mit unglaublicher Wucht. Starr vor Überraschung und Schreck hielt ich mich an den Leitersprossen fest und brauchte einen Moment, um zu begreifen was eben passiert war. Da hatte sich scheinbar einer vorgenommen, den „Kanzler" zu besuchen und ihm seine holde Weiblichkeit streitig zu machen. Ohne Rücksicht darauf, was ihm im Wege stehen könnte, setzte der liebestolle Hirsch seine Gedanken und Gefühle in die Tat um. Beinah hätte er mich mit seinem ausladenden Geweih, von dem ich nur das Weiß der blanken Enden in der Dunkelheit leuchten sah, von der Leiter geholt. Auf dem Rückweg durchs Schilf zu meinem Drahtesel hörte ich die akustische Auseinandersetzung der beiden.

Ob noch mehr daraus wurde, weiß ich nicht. Denn als ich das Moor verließ und in den Wald fuhr, hielt das ferne Rufduell immer noch an. Das gerade Erlebte erinnerte mich an eine Begebenheit, die schon mehrere Jahre zurückliegt.

Ein wüster Bruch in der weitläufigen Uferzone eines großen Teiches war damals das Ziel meiner Pirsch. Der September ging dem Ende zu, und die Brunft in diesem Revier am Rand der Rochauer Heide hatte noch nichts von ihrer Kraft verloren. Die Sonne strahlte an diesem späten und kühlen Vormittag vom blauen Himmel, und die Schreie eines Hirsches lenkten mich gut unter Wind in die Wildnis am Wasser. Der Pfad entlang des Ufers brachte mich schnell voran, und wenig später stand ich am Brunftplatz, eine verschilfte Blöße unter Eichen, die mir nicht den Hauch einer Chance auf Anblick versprach. Das übermannshohe Röhricht verbarg den Rufer, der kaum 100 Schritt vor mir lärmte. Auf halber Entfernung zwischen ihm und mir entdeckte ich eine umgestürzte Eiche. Ihr Stamm lag quer, fast horizontal ungefähr zwei Meter hoch über dem Boden, vorn gestützt durch die Äste der Krone und am anderen Ende fixiert durch den Wurzelteller. Dieser Standort bot mir vielleicht die Möglichkeit, um das Geschehen im Schilf zu verfolgen. Ein weiterer Hirsch meldete inzwischen und forderte den Recken hinter der gestürzten Eiche noch mehr heraus. Im Schutz der Lärmkulisse erreichte ich den Wurzelteller des Baumes. Das Hinaufklettern gestaltete sich mühevoller als gedacht. Mehrfach brach ich in das teilweise morsche Holz ein, als ich die Stammoberseite erklimmen wollte. Dann war es endlich geschafft. Aber zu welchem Preis! Wie tausend Nadeln piesackten mich die Ameisen, deren Rückzugsorte ich beim Hinaufstemmen ziemlich lädiert hatte. Zum Glück musste ich mich beim Abklopfen der kleinen „Beißer" nicht zu sehr vorsehen, da alles ringsum von den Schreien der beiden Hirsche übertönt wurde. Nach der aufwendigen Reinigung konnte ich endlich vorwärts balancieren. Mitten auf dem Stamm angekommen, entdeckte ich die Kronen des Hirsches im Schilf. Ein 16-Ender machte da Rabatz, vermutlich der Platzhirsch. Einige Lücken und Wechsel im Stängelwald ließen mich auf den schwer erarbeiteten Anblick hoffen. Und wirklich – erst zog ein Tier über die linkerhand einsehbare Schneise, dann folgte der Hirsch. Wenige Minu-

Der 16-Ender schreit aus Leibeskräften vor mir im Schilf.

Eine faszinierende Abendstimmung – die Rufe der Hirsche im Schilf und die Schreie der Kraniche über dem Moor.

ten später kamen beide zurück. Der 16-Ender tat mir den Gefallen, hielt an und schrie aus Leibeskräften. Ein tolles Motiv. Dann drehte er unerwartet ab, folgte nicht seinem Tier. Irgendetwas erregte seine Aufmerksamkeit. Neben dem Wurzelteller der gestürzten Eiche tauchte plötzlich ein Schmalspießer aus dem Röhricht.

Er wechselte den Stamm entlang und direkt unter mir hindurch. Ein Rottier tat es ihm Sekunden später gleich, beschleunigte aber unter der Eiche seine Gangart. Es hatte bestimmt Wind von mir bekommen. Die beiden waren es, die den Platzhirsch interessierten. Denn nun erschien er auf der Bildfläche. Mit einem Satz erreichte er den Eichenstamm, und ich begriff instinktiv die Gefährlichkeit der Situation. Der wird mir doch jetzt nicht mit seinem ausladenden Geweih die Beine wegsäbeln?! Für weitere Gedanken blieb keine Zeit. Nach drei Sprüngen schleuderte seine linke Krone an meinen Füßen vorbei. Zum Glück fehlten ein paar Zentimeter. Aber das war knapp, richtig knapp! Bruchteile von Sekunden später explodierte der Hirsch fast, flog wie eine Stahlfeder über die auskragenden Äste der Eiche. Schlechte Luft von mir, keine Frage! Hinter dem Baum sicherte er dann wie festgenagelt, wusste nicht, woher die Witterung kam. Reglos, aber mit weichen Knien, harrte ich aus. Schließlich schüttelte der 16-Ender verwundert sein Haupt, beinahe ungläubig, und trollte sich ins Schilf zu seinem Tier. Nun fiel die ganze Anspannung von mir ab. Was für ein Erlebnis, was für eine Situation! Wie aus dem Nichts war sie entstanden. Ich war, Gott sei Dank, noch einmal glimpflich davon gekommen.

Am 23. September, zwei Tage nachdem der Rivale des „Kanzlers" in hereinbrechender Nacht beinahe die Leiter des Hochsitzes streifte, die ich gerade hinabklettern wollte, saß ich wieder in luftiger Höhe. Ich genoss die Brunftatmosphäre, die nichts mehr von der Lethargie des besagten Abends hatte. Bis zum Sonnenuntergang blieben noch fast drei Stunden, aber die Geweihten meldeten bereits überall aus den Schilffeldern. Ein Kleinstrudel, Rottier, Schmaltier und Kalb, tauchte aus dem Röhricht östlich vom Sitz und begann zu äsen. Ein ganz friedliches Bild, wenn da

nicht die ziemlich gereizt klingenden Schreie des Hirsches gewesen wären, der sich hinter ihnen im Schilf aufhielt. Ich vermutete den Platzhirsch mit den „geraden“ Augsprossen, denn die urigen Töne kamen mir bekannt vor. Der Recke ließ nicht lange auf sich warten und trabte alsbald aus seiner Deckung, schnurstracks auf das Alttier zu.

Ein kurzes Treiben, und der „Meister“ gab sich erst einmal zufrieden. Aus dem Schilfsaum eines Entwässerungsgrabens schob sich plötzlich das fahle Haupt eines weiteren Tieres. Eine solch krasse Färbung hatte ich bei Rotwild noch nie gesehen. Der Schatten am Grabenufer verstärkte den Eindruck vom fast komplett grau-weißen Schädel des Stückes. Der Blick durch meine Teleoptik belehrte mich dann eines Besseren. Das Haupt des Tieres erschien nun hellrosa und blauschwarz gescheckt. Auch an so etwas kann ich mich trotz meiner jahrzehntelangen Rotwildbeobachtungen nicht erinnern. Und ich muss gestehen, mir fiel dazu auch keine Erklärung ein. Den Platzhirsch störte das Aussehen des Neuankömmlings nicht. Sofort setzte er sich in Bewegung und nahm Kontakt auf. Nach einigen vergeblichen Versuchen, die Gunst des Tieres zu gewinnen, wandte er sich ab und kehrte zu seinem kleinen Rudel zurück. Das „Scheckenhaupt“ war anscheinend noch nicht bereit für den Beschlag.

Erst meine Literaturrecherchen nach der Brunft ließen einen Verdacht zur Ursache eines solchen Aussehens aufkommen. Einige Wochen später wurde die Vermutung durch den zuständigen Revierförster konkretisiert. Höchstwahrscheinlich handelt es sich bei der beobachteten Verfärbung, die auf dem Foto auf dieser Seite zu sehen ist, um die sogenannte Glatzflechte. Sie tritt in freier Wildbahn sehr selten auf und wird durch einen Pilz mit der lateinischen Bezeichnung Trichophyton tonsurans hervorgerufen. Meist sind nur einzelne Stücke davon betroffen. Wagenknecht schreibt in seiner Rotwildmonografie:

„Die Übertragung erfolgt durch Sporen, aus denen das Pilzgeflecht auskeimt und in die Oberhaut, die Haarbälge und in die Wurzelscheide der Haare eindringt. Die Haare fallen aus oder brechen dicht über der Haut ab; die befallene Haut schilfert in Schuppen ab, ist blaugrau gefärbt und rau. Vorwiegend werden Haupt und Träger befallen. Die erkrankten Stücke kommen mehr und mehr ab und gehen ein.“

Die Hautpilzerreger sind extrem zählebige Bakterien und können durch Körperkontakt übertragen werden. Auch

Rottier mit Glatzflechte

Läuse, Haarlinge und Fliegen sollen als Sporenüberträger in Frage kommen. Durch den fortschreitenden Entzündungsprozess entstehen Eiteransammlungen und Wundverkrustungen, die im Endstadium ein schreckliches Bild abgeben. Das muss es auch gewesen sein, als das Stück im Spätherbst 2015 auf der Strecke lag. Der für die Durchführung der Drückjagd außerhalb des Moores verantwortliche Revierförster erzählte mir, dass der Anblick kaum zu ertragen war, so „eklig“ sah das aus. Das Rottier machte insgesamt einen furchtbaren Eindruck, klapperdürr, nur noch Haut und Knochen. Der rasante körperliche Verfall war innerhalb von nur zwei Monaten erfolgt. In der Brunft, wie auf dem Foto zu sehen, war zwar der Pilzbefall am Haupt deutlich erkennbar, aber ansonsten schien das Tier zu diesem Zeitpunkt konditionell noch nicht gravierend abgebaut zu haben.

Von der mitten im Moor stehenden Kanzel konnte ich vor allem am frühen Morgen und in den späten Nachmittagsstunden bis in den Abend hinein gute Fotos machen. In der Mittagszeit lagen die Brunftplätze mehr oder weniger im Gegenlicht, es sei denn, der Himmel war wolkenverhangen. Diese trüben Tage nutzte ich ab und zu, um mich anzusetzen. Während andere gemütlich ihr Mittagessen genossen, hockte ich da oben und verspeiste eine dick beschmierte Stulle. Mitunter gab es nicht viel zu sehen, denn das Rotwild war längst nicht so aktiv wie in den Morgen- und Abendstunden. Die immer wiederkehrende Hoffnung auf einen

Vor der Kanzel im Schilf

rein zufälligen, spannenden Anblick veranlasste mich, den Sitz aufzusuchen. Meistens wurde ich enttäuscht. Aber das gehört eben dazu. Wer diese Geduld nicht aufbringen kann, hat es auf Dauer schwer, viele gute und interessante Bildergebnisse zu erzielen.

Eines Tages erlebte ich eine Begebenheit, die überhaupt nicht spektakulär war, aber eindrucksvoll die Befindlichkeit der Hirsche in der Brunft widerspiegelte.

Vor der Kanzel, unten im Schilf, steckte ein Beihirsch, der ab und zu brummte. Zwischen uns befand sich nur der breite Wassergraben. Wenn er sich erhob, sah ich höchstens die Kronen seines endenarmen Geweihs. Der Platzhirsch stand weit weg, sodass ich nicht mit einer Konfrontation rechnete. Plötzlich schrie ein Hirsch hinter mir. Als ich mich umschaute, hatte ich unerwartet Anblick. Die riesige Schilffläche gewährt nur an einer Flachwasserstelle Einsicht. Genau da befand sich der Hirsch. Um ihn besser fotografieren zu können, stieg ich auf das Sitzbrett. Der halbe Meter reichte aus. Das Geweih des Rufers ähnelte dem des Beihirsches gleich vor der Kanzel sehr. Die mussten beide noch zulegen, wenn das mal was werden sollte. Ich habe auf die Uhr geschaut. Eine geschlagene Stunde stand der Hirsch dort im Wasser und bewegte sich dabei höchsten zwei oder drei Gänge vorwärts. Das kühle Nass störte ihn nicht im Geringsten. Dann endlich setzte er sich in Bewegung und zog, ab und zu rufend, Richtung Plattenweg. Auf dem hatte ich weit vorn mein Fahrrad abgestellt. Als er die Betonplatten erreichte, sah ich ihn wieder. Viel weiter entfernt als gerade eben am Flachwasser, marschierte er auf der Spur

Rothirsch im „Entenland“

von mir weg, geradewegs auf mein Zweirad zu. Ich wusste ungefähr, wo es stand und wartete gespannt auf seine Reaktion. Bestimmt würde er einen mächtigen Hopser machen und auskeilen, wenn das Gefährt in seinen Blick geriet. Mal zog der Hirsch direkt auf dem Weg, dann wieder daneben im Morast. Schon das allein zeigt, wie wenig hinderlich das Gelände für ihn ist. Mir wäre es nicht im Traum eingefallen, den Beton zu verlassen und dafür lieber durch die Pampe zu stampfen. Ich behielt ihn im Auge, zumindest das bisschen, was ich von ihm sehen konnte.

Aber so angestrengt ich auch schaute, es gab keinen Hopser und kein Auskeilen. Letztendlich wurde er zum Punkt, so weit fort war er inzwischen gezogen. Ich nehme es vorweg. Am Abend nach dem Ansitz begutachtete ich das Fährtenbild. Der Geweihte hatte bereits etwa 20 Meter vor meinem Fahrrad den Plattenweg verlassen und marschierte wieder nebenher. Fast auf den „Zentimeter genau“ drei Meter entfernt vom Drahtesel stand seine Fährte im Morast. Kein tieferer Eingriff, nichts! Den metallenen Gegenstand muss er gesehen haben, aber vielleicht nicht bewusst – aufgrund seiner hormonvernebelten Sinne?

Eine Stunde stand der Hirsch fast an derselben Stelle im Wasser.

Eine Stunde nach dieser Beobachtung wurde es linkerhand auf der Seggenwiese plötzlich lebhaft. Ein Spießer wechselte quer über die Fläche. Das ist nun wahrlich nichts Besonderes. Doch der Eleve geriet wohl zu nah an einen Schilfhorst. Genau in dem steckte der Platzhirsch. In Sekundenschnelle entwickelte sich eine tolle Szenerie. Der „Dominator“ stürmte mit Urgewalt heraus, und der Spießer musste sich ganz lang machen, um dem Angriff zu entkommen. Im richtigen Moment betätigte ich den Auslöser meiner neuen Nikon D7200 und hielt mit dem „Dauerfeuer“ der Serienbildfunktion das Geschehen fest. Das aufspritzende Wasser belebt die Fotos, macht die Wucht und Kraft der Bewegungen deutlich. Und es zeigt auch, dass es das alles beherrschende Element im Niedermoor ist.

Während dieser Brunft hatte der „Kanzler“ zwar seinen angestammten Platz aufgeben müssen, aber die Rolle als Haupthirsch die ganze Zeit behalten. Nur wenn ich einen besonders langen Hals machte, konnte ich seine Tiere sehen. Es sind nicht viele gewesen, meist nur ein oder zwei Stück. Auf und ab zog der Hirsch die schmale Seggenwiese und schrie aus Leibeskräften, wie es die Neunjährigen eben tun. Er kam abends zeitiger heraus als die anderen Hirsche im Umfeld des Hochsitzes.

Aber seine Aktivitäten waren für mich nur Untermalung und Hintergrundmusik der Brunftszenerie im Moor. Viel zu weit entfernt trieb er sein Kahlwild. Selbst mein 600-mm-Teleobjektiv langte da nicht richtig hin. Ein einziges Mal während meiner Ansitze erwischte ich ihn auf der Seggenwiese, die die beiden Jahre zuvor ihm gehört hatte. Da schlug er einen Beihirsch ab und überfiel den Graben, der seinen alten und seinen neuen Brunftplatz trennte. Auch da war die Entfernung noch riesig, aber das schaffte meine neue Ausrüstung. Im Kapitel „Paradies auf Zeit“ habe ich meine fototechnischen Neuerungen im Jahr 2015 ein wenig beleuchtet und auf die Ausschnittreserven der Nikon D7200 hingewiesen. Das kam mir in diesem speziellen Fall zugute. Der „Kanzler“ ist in dieser stark vergrößerten Ansicht (S. 137), was deren Qualität keinen Abbruch tut, deutlich zu erkennen. Und ich glaube man sieht auch, dass er nicht zu den alten Recken gehört. Seinem Geweih fehlt noch Masse, seinem Haupt das Bullige, und er äugt eher neugierig aus dem Grase und nicht wie ein gesetzter, reifer Haudegen.

Der Platzhirsch duldet den Spießer nicht in der Nähe seiner Tiere.

Die Abwürfe der beiden Platzhirsche vom Februar 2016, Jahrgang 2015. Auf dem Bild rechts oben der Abwurf des „Kanzlers", der gegenüber dem Vorjahr nicht an Stärke zugenommen hat. Auch der neue Platzherr vor dem Hochsitz im Moor (Fotos oben und unten) besitzt keinen herausragenden Hauptschmuck.

Im Februar 2016 wurden in dem wenige Kilometer entfernten Mischwald vom „Kanzler" und vom Platzhirsch mit den kaum geschwungenen Augsprossen die Abwurfstangen gefunden. Jede einzelne wog etwa drei Kilogramm. Das ist für hiesige Verhältnisse nicht sonderlich kapital und entspricht eher dem Durchschnitt der Hirschpopulation. Bei der Brunft ist die Geweihstärke sowieso nicht entscheidend. Da braucht es Charakter, Aggressivität, Kondition und auch ein wenig Lebenserfahrung.

Der „Kanzler", Brunft 2015

DAS ENDE EINER SOMMERFREUNDSCHAFT

Professor E. Wagenknecht, Verfasser einer Rotwildmonografie, die bereits 1981 verlegt wurde, schreibt zur Kronenbildung der Hirsche unter anderem:

„Im Gegensatz zu der verhältnismäßig festen erblichen Form der Stange und unteren Sprossen (Aug-, Eis- und Mittelsprosse) ist die Krone bei ein und demselben Hirsch im Laufe seines Lebens durchaus variabel und kann sich nicht nur in Abhängigkeit vom Alter des Hirsches, sondern in besonders starkem Maße je nach Gunst oder Ungunst der einzelnen Jahre und des dadurch bedingten unterschiedlichen Stoffwechselüberschusses verändern. Es gibt natürlich auch Hirsche, deren Kronenform sich von Jahr zu Jahr auch in ihren Einzelheiten mit großer Tendenz wiederholt, wenn auch das völlige Gleichbleiben der Kronen selten ist."

Meine Erfahrungen, die ich über Jahrzehnte sammeln konnte, sagen mir, dass unsere Rothirsche mehrheitlich das Kronenbild tendenziös beibehalten. Bei den meisten Geweihten muss man trotzdem genauer hinschauen, um sie anhand dieses Merkmals von einem Jahr zum anderen zu identifizieren. Manchmal gelingt das draußen vor Ort nicht, dann können unter Umständen Fotos von den Recken helfen. Es gibt jedoch Kronen, die fallen sofort auf. Selbst aus großen Entfernungen sind sie so gut wie unverwechselbar, weil sie eben etwas ganz Besonderes zu bieten haben. Ich betone, so gut wie unverwechselbar.

Denn trotz einer wuchtigen Krone und einem tief angesetzten, nach hinten auskragenden, geschwungenen Ende habe ich mich von einem Hirsch täuschen lassen. Anfang Juni 2011 beobachtete ich im Raps vor dem Küstenwald ein kopfstarkes Basthirschrudel. An vielen Stellen im Feld wuchsen die Ölpflanzen nicht sonderlich hoch, sodass sogar die massigen Körper der Recken zu sehen waren. In der Regel schauen nur die Geweihe heraus, manchmal auch die Häupter. Scheinbar reichten in dem Jahr die Niederschläge nicht aus, um die Pflanzen in ordentliche Höhen zu bringen. Mir konnte das natürlich recht sein. Ich kombinierte mein 400-mm-Telezoom extra mit einem Konverter, um die Entfernung optimal zu überbrücken. Relativ weit entfernt vom Rudel und somit viel sicherer vor Entdeckung fotografierte ich die Hirsche in respektabler Abbildungsgröße. Der alte Hirsch mit dem tief angesetzten Kronenende an der Rückseite der rechten Stange fiel mir natürlich sofort auf. Die deutliche Wamme, der deutliche Widerrist und ein etwas müde wirkendes Antlitz ließen mich keine Sekunde zweifeln, dass er das Dutzend Jahre längst überschritten hat.

Mitte Februar 2012 beobachtete ich ihn erneut außerhalb des Waldes. Er zog mit jüngeren Hirschen in das Schilf eines Seeufers. Vermutlich störten die Stangensucher im Forst und veranlassten die Geweihten zum Auswechsel. Ende des Monats protzte der Alte immer noch mit seinem Hauptschmuck, während viele seiner Begleiter sich längst barhäuptig präsentierten. Das bestätigte mich in meiner Annahme, dass er schon mächtig was auf dem Buckel haben musste. Der spätere Abwurf ist typisch für sehr alte Hirsche. Seine Stangen wurden übrigens nicht gefunden. Sie sind ihm bestimmt in dem schwer zugänglichen Schilfdickicht vom Haupt gefallen. Das zeigt einmal mehr, dass es kontraproduktiv ist, wenn zu früh nach den Abwürfen gesucht wird. Aufgrund der Konkurrenz untereinander gelingt es nur in den seltensten Fällen, dass sich die „Sammler" abstimmen und erst nach dem Geweihabwurf des größten Teils der Population tätig werden. Jeder will der Erste sein und gönnt dem anderen nicht „die Butter auf dem Brot".

Das Jahr über begegnete mir der Hirsch nicht. Weder im Küstenwald noch im herbstlichen Niedermoor oder auf einem anderen Brunftplatz der Umgebung sah ich ihn. Dabei setzte ich natürlich voraus, dass er mit einem ähnlichen Geweih wie im Vorjahr umherzog. Ein Jahr später, am 1. Juli 2013, klappte es dann. Unweit der Feldmark entdeckte ich zwei Rothirsche auf einer Waldlichtung beim Äsen. Das Anpirschen selbst gestaltete sich nicht besonders schwierig. Nur selten sicherten sie, sodass ich zügig vorankam und lediglich darauf achten musste, nicht auf einen der trockenen Äste zu treten, die überall herumlagen. Als ich nah genug aufgerückt war, wurde es problematischer. Das hohe Gras auf der Waldblöße und die tief hängenden Zweige der

Rechts im Bild zieht der alte Hirsch. Typische Zeichen sind die starke Wamme und der deutliche Widerrist.

Solche Kronenformen fallen schon von weitem auf und machen es dem Beobachter in der Regel einfach, den jeweiligen Geweihträger zu identifizieren.

Bäume, unter denen ich stand und zu den Hirschen schaute, behinderten das Fotografieren massiv.

Immer wieder verdeckte die üppige Vegetation die Geweihten und vermasselte beinahe jedes Motiv. Es bedurfte erheblicher Konzentration, um die geeigneten Momente abzupassen, bei denen man wenigsten so viel von den Recken sah, dass ein Bild lohnte. Da erst bemerkte ich am Geweih des mir ein wenig näher stehenden Kolbenhirsches den mächtigen Dorn unter der Krone. Ganz genau so präsentierte er sich mir vor zwei Jahren, damals allerdings draußen im Raps. Ein paar Tage später beobachtete ich den Recken erneut. Er wechselte mit einem siebenköpfigen Rudel über

Anfang Juni 2011: Der reife Hirsch hat an der rechten Geweihstange ein starkes Ende unter der Krone ausgebildet, das untypisch nach hinten auskragt.

Anfang Juli 2013: Dieser Hirsch hat ein ähnliches Ende unter der Krone ausgebildet, allerdings an der linken Stange des Geweihes. Er ist jünger als der im Juni 2011 fotografierte Hirsch.

einen Wanderweg im Revier. Fahrlässig hatte ich meine Kamera in der Tragetasche verstaut. Bevor ich sie herausnehmen und einrichten konnte, tauchten die Hirsche wieder in das üppige Grün des Waldes. Der nach hinten ausschwingende Dorn am Geweih des Hirsches war auch auf die große Entfernung so markant, dass es keine Zweifel gab, wer dort mit seinen Begleitern den Weg überfiel.

Irren ist menschlich. Den Irrtum bemerkte ich jedoch erst daheim, als ich an meinem Computer die Fotos von der Stippvisite nach Mecklenburg-Vorpommern auswertete. Nie im Leben handelte es sich bei dem 2013 fotografierten „Dornenhirsch" um denselben, den ich zwei Jahre zuvor im Rapsfeld beobachtet hatte. Der „Neue" ist um einiges jünger. Als ich ihn auf der Waldblöße ins Bild bringen wollte, forderten mich die misslichen Bedingungen derart, dass ich weder auf irgendwelche Alterskriterien achtete noch auf das Geweihkonstrukt an sich. Den auffälligen Dorn sah ich zwar, aber dass er sich an der „falschen" Stange befand, entging mir völlig. Der alte Recke trug ihn rechts und der jüngere hatte ihn an der linken Seite seines Geweihes ausgebildet. Seine knöcherne Hinterlassenschaft wurde im Februar 2014 gefunden. 6,2 Kilogramm wogen die beiden Stangen. Die Bewertung des Abwurfs brachte geschätzte 198 CIC-Punkte. Eine „gute Silbermedaille" mit noch richtig Luft nach oben in den nächsten Jahren?!

Die Abwurfstangen des Geweihten, gefunden im Februar 2014, Jahrgang 2013. Sie brachten zusammen etwas mehr als 6 kg auf die Waage.

Anfang Juni 2014 pirschte ich für eine Woche im Forst an der Küste. Inzwischen sind es bereits mehrere Sommer, in denen ich immer ein oder zwei Wochen hier verbringe. Dadurch kenne ich die von den Hirschen bevorzugten Einstände und Äsungsflächen ziemlich genau. Jedes Mal kontaktiere ich zuvor telefonisch sachkundige Forstleute und Naturfreunde, um mich mit den neuesten Informationen zu versorgen. Meistens bekomme ich wertvolle Hinweise. Diesmal klappte das nicht so recht. Erfolgreich war ich trotzdem. Fast jeden Tag bekam ich Kolbenhirsche zu sehen. Am 2. Juni pirschte ich vormittags gegen den Wind durch den Buchenwald zu einer Lichtung, auf der sich einige Horste von Jungfichten befanden. Aus Erfahrung wusste ich, dass sich dort tagsüber gern Geweihte aufhielten. Als ich mich im Schatten der Buchen der im prallen Sonnenlicht liegenden Blöße auf knappe 80 Schritt genähert hatte, entdeckte ich tatsächlich die mächtigen Kolbenstangen eines Hirsches. Zweifellos handelte es sich um meinen Bekannten aus dem Vorjahr – dem Recken mit dem tief unter der linken Krone angesetzten und markant nach hinten auskragenden Dorn. Er ruhte im hohen Gras. Für mich eine absolut komfortable Situation, denn im Schutz des Waldes konnte ich nicht eräugt werden. Plötzlich erhob sich einige Meter entfernt ein anderer starker Hirsch. Im Objektiv der Kamera erschien er groß wie ein Scheunentor – der „Kanzler"! Nach einstündiger Beobachtung pirschte ich vom Duo weg und versuchte woanders mein Glück. Das funktionierte nicht. Den Kahlschlag, den ich für den Ansitz über die Mittagsstunden ausgewählt hatte, frequentierte kein Rotwild, kein Schwarzwild und auch kein Rehwild. An sich ist es ein ideales Örtchen. Ein kleiner überdachter Hochsitz gestattet einen prima Blick auf die Lichtung, die von einer Fichtendickung, einem Birkenhain, Fichtenaltholz und Buchenhochwald umgeben ist. Über einen Pirschweg gelangt man nahezu geräuschlos zu der Ansitzeinrichtung. Sie ist dort auch unbedingt notwendig, da Gras und Buschwerk überall so hoch sind, dass man ebenerdig vom Rotwild mitunter nicht viel sieht. Schwarz- und Rehwild verschwinden ganz im Gräsermeer.

Am nächsten Tag beobachtete ich den „Kanzler" und den „Dornenhirsch" erneut auf der Lichtung im Buchenwald. Die beiden verstanden sich scheinbar prächtig, bildeten eine Gemeinschaft auf Zeit. Wie schnell sich die Zusammensetzung solcher Gemeinschaften ändern kann, erfuhr ich 24 Stunden später.

Ich saß wieder über Mittag auf der kleinen, überdachten Kanzel und wartete auf Wild. Dieses Mal hatte ich Glück. Ein siebenköpfiges Kolbenhirschrudel zog aus dem gegenüberliegenden Birkenhain und begann auf der Lichtung zu

Einige Tage später haben sich die beiden Hirsche einem Rudel angeschlossen und äsen auf einer Waldlichtung.

Die Hirsche verlassen nach dem Äsen die Waldlichtung und wechseln in den deckungsreichen Bestand.

äsen. Die Fotos auf der Vorseite unten und auf dieser Seite entstammen der bildreichen Serie, die ich während der Beobachtung gemacht habe. Auf dem stark zurückgezoomten Foto sehen wir am linken Bildrand den Hirsch mit dem auskragenden Dorn und rechts vom trockenen Fichtenstamm den „Kanzler" mit den drei kürzen Enden hinten in der linken Krone. Oben auf dieser Seite ziehen die Geweihten ins Fichtenaltholz. Ganz rechts verschwindet gerade der „Dornenhirsch". Den Basthirsch links neben ihm haben wie im Kapitel „Der Kanzler" als Platzherr während der Brunft 2015 in Aktion erlebt. Der Geweihte in der Mitte des Trios am linken Bildrand ist der „Kanzler". Diese Vergesellschaftungen, die sich in unterschiedlichster Weise im Revier wiederholen, führen eben dazu, dass sich die meisten Hirsche des Einstandsgebietes untereinander kennen.

Nach den interessanten Erlebnissen im Frühsommer 2014 im Küstenrevier fuhr ich in die Niederlausitz zurück. Dort gab es kaum Hirschanblick. Der Lebensrhythmus des Wildes in der Heide war durcheinandergeraten, da Isegrim allzu oft seine Spuren in den Revieren hinterließ. Langeweile kam trotzdem nicht auf, denn schon im Juli begann die „hohe Zeit" des Rehwildes.

Ein Blick in die linke Krone des „Dornenhirsches".

Draußen auf den Wiesen ging es alsbald richtig zur Sache. Die Rehe sind tagaktiver als das Rotwild und meistens problemlos anzupirschen oder zu ersitzen. Allerdings konnte ich mich in diesem Jahr nicht des Eindrucks erwehren, dass guter Anblick seltener wurde.

Für mich sind es immer wieder spannende Momente, wenn ich einen stattlichen Gehörnträger auf brauchbare Entfernung vor die Kamera bekomme. Die Bezeichnung „stattlicher Gehörnträger" ist in diesem Fall relativ zu sehen. Ich hatte es schon einmal erwähnt, im Wiesenland wachsen im Vergleich zu anderen Gegenden in der Bundesrepublik nicht die stärksten Böcke. Sie liegen, ausgehend von der produzierten Gehörnmasse, eher unter dem Durchschnitt. Aber das tut dem Erlebniswert keinen Abbruch.

Die Rehböcke sind viel unterwegs, suchen und treiben die brunftigen Ricken. Geraten sie auf das Territorium ähnlich starker Revierinhaber und werden entdeckt, müssen sie ihre Überlegenheit im Kampf beweisen. Ansonsten ist die Hochzeitschance vertan. So sehr ich mich auch mühte, viele Stunden in den Wiesen ansaß und pirschte, eine ernsthafte Rivalität konnte ich nicht beobachten. Scheinbar gab es genug brunftige Ricken, und alle hielten sich an die Regeln. Somit brauchte es kein Kräftemessen. Dafür erlebte ich fast jeden Tag, wie die „roten Ritter" den Ricken mit tief gehaltenem Haupt nachsetzten. Ihr Keuchen und Schnaufen war weithin zu hören. Kreuz und quer ging es durch das gut überschaubare Gelände. Ab und zu legten die Akteure Pausen ein, um wieder neue Kraft zu schöpfen. Inzwischen wusste ich so ungefähr, welche Revierecken besonders frequentiert wurden. Da gab es weder Leitern noch Kanzeln, aber ein paar Weidezäune, deren dicke Pfähle ausreichend Deckung boten. An einem sonnigen Vormittag Anfang August nutzte ich diesen spärlichen Sichtschutz, um tief in die Wiesen zu pirschen. Ich wollte ganz sichergehen, dass mich das Wild nicht entdeckt und richtete mich deshalb ebenerdig (das heißt, auf dem Boden liegend) für eine längere Beobachtung ein. Es ist wirklich erstaunlich, wie nahe einem das Rehwild kommt, wenn man in dieser Stellung verharrt. Den Tieren ist das Objekt „liegender Mensch" unbekannt und wird erst auf ganz geringe Distanz wahrgenommen.

Im Wiesenland wachsen nicht die allerstärksten Böcke.

Eine kurze Ruhepause vom anstrengenden Treiben

Rehwildhochzeit Anfang August

An diesem Vormittag waren es die Feldhasen, die als erste hautnah aufrückten. Es ist aufregend, wenn die Entfernung zum Wild fast auf Armlänge schmilzt.

Und dann hatte ich richtig Glück. Ein Rehpaar beendete unweit von mir seine wilde Hatz, und der Bock folgte der Ricke dicht auf. In Schleifen nahm sie ihren letzten Weg kurz vor dem Beschlag, lief die Spur zum wiederholten Male ab. Das dauerte.

Dieses Ritual führt dazu, dass sich die Tritte im Gelände mehr oder weniger deutlich abzeichnen – die sogenannten „Hexenringe“ entstehen. Als die Ricke ihre letzte Schleife gezogen hatte, durfte der Bock seines Amtes walten. Beim ersten Mal gelang das nicht ganz. Er rutschte ab. Das Dacapo klappte, und ich nannte endlich ein paar ordentliche Schnappschüsse von der Rehwildhochzeit mein Eigen. Ein Bild aus der Serie gab mir zu denken, und ich kam mir im Nachhinein wie ein Spanner vor. Der vorwurfsvolle Blick des Bockes in meine Richtung erzeugte dieses makabere Gefühl. In lauterer Absicht wollte ich doch nur einen biologischen Vorgang dokumentieren. Gott sei Dank hat er mich nicht eräugt.

Eräugt hat er eine Stunde später Meister Lampe. Der hoppelte dicht an der Ricke vorüber, die im Gras ruhte. Das Wolkenband am Himmel war fortgezogen, und die Sonne heizte mir wieder richtig ein. Die Hitze spielte für den Rehbock keine Rolle. Der Hase musste für sein „Benehmen“ in die Schranken verwiesen werden! Vielleicht wollte er auch

Fehlversuch

Obwohl er zum Fotografen schaut, schöpft er keinen Verdacht.

Meister Lampe erregt den Unmut des Gehörnten und muss Reißaus nehmen.

nur der Ricke imponieren. Zwei ganz Schnelle lieferten sich wenige Sekunden später ein rasantes Rennen. Soweit ich das von meiner nahezu ebenerdigen Position aus sehen konnte, rettete das Hakenschlagen Mümmelmann vor dem „direkten Kontakt". Irgendwann ging dem Bock die Puste aus. Er ließ den Hasen davonsprinten und kehrte zu seiner Rehdame zurück.

Solche Beobachtungen sind für mich immer etwas Besonderes und genauso interessant wie zum Beispiel der Anblick von Böcken mit nicht alltäglichem Hauptschmuck. Ihnen stelle ich, wenn sich die Chance bietet, mit großem Eifer nach. Ich denke, da unterscheide ich mich als Wildfotograf kaum von den Jägern. Das Ziel der Pirschen und Ansitze ist durchaus ähnlich, denn beide wollen die Trophäe. Nur das Ergebnis unterscheidet sich. Ein gelungenes Foto krönt in einem solchen Fall meine Bemühungen. Den Erfolg des Weidmanns, die erbeutete Trophäe, bezahlt der Bock allerdings mit seinem Leben. Das heißt natürlich auch, dass ich vor dem jagenden Gesinnungsgenossen an Ort und Stelle sein muss.

Ein Tag im August in dem Wiesenland wird mir in guter Erinnerung bleiben, denn ich bekam die absolute Rarität unter den Rehböcken vor meine Kamera – einen Einstangenbock! Es handelte sich scheinbar um einen echten „Einstangler", der sich bisher allen Nachstellungen der Grünröcke unbeschadet entzogen hatte. Unechte Einstangenböcke be-

Ein echter Einstangenbock, die absolute Rarität im Rehwildrevier.

gegneten mir in den vergangenen Jahren öfter. Bei ihnen sind die fehlenden Stangen nur abgebrochen und die verbliebenen besitzen die übliche, nach der Seite ausgelegte Stellung. Jeden braven Bock kann dieses Missgeschick ereilen. Beim Anfliehen von Hindernissen, beim Kämpfen mit Rivalen oder gar beim Fegen des Gehörns besteht die Gefahr, dass durch einen starken Schlag oder Druck der Rosenstock oder die Stange bricht. Speziell bei vollständigen Rosenstockbrüchen während der Bastzeit sinken die betroffenen Stangen seitlich herab. Oftmals sind dann die Bruchflächen mit Knorpelgewebe verbunden, und es kommt zur Ausbildung von Pendelstangen, die nach einer gewissen Zeit verloren gehen, da die verbindende Rosenstockhaut abstirbt und reißt.

Der echte Einstangenbock trägt Jahr für Jahr nur eine Stange. Die zweite fehlt. Der Grund dafür kann zum Beispiel eine einseitige Rosenstockschwäche sein. Bei manchen steht die Stange eher mittig auf dem Haupt, sodass man diese Böcke kaum mit anderen, die in Folge von Verletzungen nur eine Stange tragen, verwechseln kann.

Treibender Bock mit drei Stangen, die alle etwa gleich lang sind und einer vierten kleinen Stange (oder einem Ende?)

Der „Einstangler" hatte sich einen Gehölzstreifen inmitten der weiträumigen Wiesen als Einstand ausgesucht. Ich brauchte einige Tage, um den heimlichen und meiner Ansicht nach noch jüngeren Bock abzupassen. Eines Morgens musste es dann ganz schnell gehen. Mein Weg führte mich an der Remise entlang, wo er sich bevorzugt aufhielt. Einer Eingebung folgend pirschte ich durch eine Lücke im Feldgehölz, um auf der anderen Seite nach ihm zu schauen. Und da stand er – mit einer Ricke! Die nahm mich sofort wahr und flüchtete. Das Einhorn hingegen äugte lange genug für zwei ordentliche Fotos.

Was der eine zu wenig hat, hat der andere zu viel! Dieser Satz wurde wenige Tage später zur Realität, denn da erwischte ich einen treibenden Bock – mit drei oder sogar vier Stangen! Durch Verletzungen des Stirnbeins entstehen unter Umständen zusätzliche, sekundäre Rosenstöcke, aus denen weitere Stangen geschoben werden. Andererseits können Beschädigungen des Wachstumsscheitels in der

Die Mehrstangigkeit ist nur eine von vielen Abnormitäten, die einem Rehgehörn ein ungewöhnliches Aussehen geben.

Bastzeit die Entstehung vielendiger Gehörne hervorrufen, die je nach Ausformung manchmal der Mehrstangigkeit ähneln. Endgültigen Aufschluss zu den Ursachen der Abnormität bekommt man oft erst am erlegten Stück.

Die Wiesen werden in der Nacht auch von Rothirschen und Rottieren mit ihren Kälbern, die gleich nebenan in der großen Heide leben, zur Äsung aufgesucht. Bei Tage habe ich sie nur selten dort beobachten können. Wenn sich Reh- und Rotwild begegnen und sich dabei sehr nah kommen, bemerkt man in der Regel eine gewisse Verunsicherung oder eine gesteigerte Vorsicht bei den viel kleineren Rehen. Sie versuchen meistens, deutliche Distanz zu halten und meiden die direkte Nähe zum Rotwild. Diesen Eindruck habe ich jedenfalls bei vielen Beobachtungen gewonnen. Unten auf dem Foto ist so eine Begegnung zu sehen. Der Rehbock zog auf die Wiese, als die Hirsche bereits dort ästen. Die Geweihten würdigten ihn keines Blickes, sicherten nicht und ästen auch weiter, als der Bock relativ dicht am Rudel in eine trollende Gangart verfiel. Das Trollen sieht man beim Rehwild viel seltener als die beiden anderen Gangarten, das Ziehen und das Flüchten. Der Bock wollte damit wieder schnell Abstand zu den Hirschen gewinnen. Andererseits wagte er sich sehr nah an das Rudel heran. Da siegte wohl die Bequemlichkeit, denn er erschien nicht zum Äsen auf der Wiese, sondern nur, um sie auf kürzestem Wege zu queren. Er war einfach zu faul, einen größeren Bogen zu schlagen. Das zeigt wiederum, dass er keine Angst oder Panik vor den Hirschen hatte.

Wie Panik, Angst und Stress beim Rehwild aussehen können, habe ich während einer Frühpirsch eindrucksvoll erlebt. 150 Meter entfernt von mir sicherte ein schwacher Rehbock auf dem schnurgeraden Gestell, das ich gerade entlanglief. Mit einem mächtigen Sprung verschwand er im Wald. Ich wunderte mich, da sich genau dort ein Wildschutzzaun befand, sodass ihm diese Fluchtrichtung eigentlich versperrt war. Schnellen Schrittes eilte ich zu der Absprungstelle. Tatsächlich, der Rehbock hatte sich ins Gatter geflüchtet, das aber bestimmt ohne Absicht. Deutlich waren auf dem Weg die Eingriffe der Schalen vom Absprung zu sehen und im Maschendrahtzaun in etwa 1,20 Meter Höhe ein durchtrennter Draht. Der Bock war einfach durch den Wildschutzzaun gesprungen. Aufgrund der geringen Größe der umfriedeten Fläche bemerkte er sehr schnell, dass er sich in einer „Falle" befand. Das Drama begann. Mit voller Wucht sprang er gegen den zwei Meter hohen Wildschutzzaun, allerdings mit abgewandtem Haupt. Er machte keinerlei Anstalten, den Zaun zu überspringen. Rehe sind keine Hochspringer, sie überfallen Zäune und Hindernisse von eineinhalb Metern, höher geht es im Allgemeinen nicht hinaus. Der Bock probierte es nur frontal. Nach vier bis fünf Versuchen wechselte er zum nächsten Abschnitt und rannte wieder mit voller Wucht gegen den Maschendrahtzaun.

Die äsenden Feisthirsche kümmern sich nicht um den Rehbock, der in ihrer unmittelbaren Nähe wechselt.

Das Gatter mit dieser Methodik zu verlassen erschien mir aussichtslos. Es muss ein mächtiger Zufall gewesen sein, dass er beim Einsprung eine Schwachstelle im Metallgitter getroffen hatte. Ich hielt mich in Deckung, um den sichtlich immer nervöser werdenden Rehbock nicht noch zusätzlich zu beunruhigen. An der Stirnseite der Einfriedung hatte er es bestimmt zehnmal mit seiner Brachialmethode versucht und begann nun die Längsseite zu bearbeiten. Immer öfter unterbrach er schwer atmend seine Ausbruchsversuche. Pure Angst erfasste ihn. Mit dem Mut der Verzweiflung stürmte er wieder gegen das Gatter an, kopflos und immer panischer werdend. Es bestand ernsthaft die Gefahr, dass er sich verletzte oder gar am Stress verendete. Nach weiteren vergeblichen Ausbruchsversuchen rannte er völlig irritiert den Zaun auf und ab. Am Äser trat bereits Schweiß aus. Sein nächstes Anrennen gegen das Drahthindernis nutzte ich, um bis zu einem Gattertor zu pirschen. Unbemerkt konnte ich es einseitig aushängen und einen Meter weit öffnen. Unweigerlich würde der Bock bei seinen Fluchtbemühungen auch in diesen Bereich der Umfriedung gelangen. Es dauerte aber noch geraume Zeit. Er stürzte mehrfach an der Öffnung vorbei und „erwischte" sie, so mein Eindruck, letztendlich eher zufällig. Der Weg in die Freiheit war eine einzige Hochflucht. Festzustellen ist, dass die Rehwilddichte bei hohem Rotwildbestand in der Regel abnimmt. Es kommt zu einer gewissen Nahrungskonkurrenz zwischen dem „Naschertyp" Reh und dem „Grasfresser" Rothirsch, schon infolge der ständigen Überschneidungen der Äsungsflächen. Die Anwesenheit zu vieler Individuen des Rotwildes im Rehwildterritorium baut für die zierlichen Rehe einen Druck auf, dem sie auf Dauer nicht standhalten und der zu Abwanderungen führt. Die Vorsicht, Distanz und letztendlich Abneigung gegenüber dem Rotwild wird zum Stress, den das Herdentier mit seiner zahlreichen Anwesenheit auf den „Einzelgänger" Reh ausübt. Es ist ein steter, ein permanenter Stress. Er ist nicht zu vergleichen mit der Situation des unfreiwillig gefangenen Bockes von eben. An diesem Beispiel zeigt sich mit besonderer Deutlichkeit die Ohnmacht des Wildes, in einer Extremsituation tierische Intelligenz einzusetzen, um Lösungen zu finden. Hier scheint der Fluchtinstinkt die vorhandenen intellektuellen Kapazitäten vollkommen zu eliminieren. Ich glaube, das ist beim Rehwild kein Einzelfall. Das Rotwild behält in kritischen Situationen dagegen zumeist den „Überblick". Sehr gut kann man das bei den geordneten Fluchten des Wildes vor Gefahren beobachten.

Im Waldgebiet meines Wohnortes einen ordentlichen Bock in Anblick zu bekommen, grenzt schon an ein Wunder. Mehrjährige Spießer mit angedeuteten Vereckungen, schwache Gabler, geringe Sechser bilden das Gros der männlichen Gilde. Die Rehwilddichte ist zudem nicht son-

Verzweifelt springt der Bock gegen den Zaun des Schutzgatters, um aus der Einfriedung zu entkommen.

Rehwild meidet die Nähe zum Rotwild. Nur eine zu hohe Dichte der großen Hirschart führt zu Abwanderungen des zierlichen Wildes.

derlich hoch. Diese Einschätzung vertrete ich aufgrund meiner langjährigen Pirsch- und Ansitzerfahrung, auch wenn die Rehe in den Waldeinständen schwierig zu beobachten sind. Weiter entfernt, am Rand der Kiefernheide, ist es ein wenig besser, dort kommt Rehwild etwas öfter in Anblick. Im Wald und der anschließenden Feldmark wird es sehr zurückhaltend bejagt. Zahl vor Wahl heißt es dagegen in den Wiesen, in denen ich die Blattzeit erlebte. Im Vergleich zu den Waldeinständen war dieses Gebiet trotz der schärferen Bejagung bis ins Jahr 2015 hinein ein Rehwildparadies sondergleichen. Obwohl nur 1000 Meter vom Rotwildeinstandsgebiet entfernt, waren die Böcke stärker und der Rehwildbestand insgesamt weitaus höher als in der Heide. Im Herbst und im Winter sah man trotz der Wölfe immer noch kopfstarke Sprünge, die draußen in Feldrehmanier Tag und Nacht verbrachten und den nahen Wald so gut wie nie aufsuchten. Der Unterschied zwischen den beiden Rehwildpopulationen hinsichtlich Wilddichte und Trophäenstärke der Böcke konnte gravierender nicht sein, genauso gravierend wie der Unterschied der beiden Lebensräume hinsichtlich Bewuchs und Struktur.

„Die Körper- und Trophäenentwicklung des Rehwildes ist in Rotwildgebieten gering", so lautet die grundsätzliche Aussage in der Fachliteratur. Dem stimme ich zu. Aber ist das Rotwild schuld? Ich glaube, unter Normalbedingungen (das heißt bei moderatem Rotwildbestand, der in der Rochauer Heide längst allgegenwärtig ist) wohl kaum. Für mich steht außer Zweifel fest, dass die Standortfaktoren – Äsung, Geländestruktur und Klima – einen wesentlichen Einfluss auf die Stärke des Rehwildes haben.

Entscheidend für die Entwicklung des Rehwildes ist die Qualität des Lebensraums.

Der „Holzacker" selbst ist es, der mit seinen kärglichen Äsungsbedingungen für eine geringere Wilddichte und im Mittel auch für eine geringere Trophäenstärke bei den Rehböcken sorgt. Das Rotwild ist vielfach in solche Wälder zurückgedrängt worden. Die Rehe, die in ihnen leben, haben entsprechend diesen Standorten eine schlechtere Konstitution. Das bedeutet, die Ricken gebären weniger Kitze, und auch die Kitzsterblichkeit ist in den ersten Lebenstagen höher. Mit der Anwesenheit des Rotwildes hat das gar nichts zu tun. Ähnlich verhält es sich mit der Gehörnqualität. Die ist nun mal in der Regel besser, wenn der Biotop günstiger ist. Eine Vernachlässigung der Rehwildhege aufgrund des Vorrangs der Rotwildbewirtschaftung kann als Ursache für geringere Gehörnstärken ausgeschlossen werden, denn beim Rehwild ist der jagdlichen Selektion nach Trophäenstärke nur wenig Erfolg beschieden.

Rehe sind Feinschmecker.

Wölfe haben das Wiesenland für sich als Jagdrevier entdeckt.

Das Revier in der Wiesenniederung hat im Jahr 2016 seine nahezu unvergleichliche Attraktivität für mich als Wildfotograf verloren, zumindest was die Pirsch auf die zierlichen Rehe angeht. An manchen Tagen im Frühsommer, an denen ich in der Vergangenheit auf einer Pirsch mühelos zwei Dutzend von ihnen beobachten konnte, kehrte ich ohne Anblick wieder nach Hause zurück. Aus dem einstigen Wildparadies ist innerhalb eines Jahres eine zeitweise Ödnis geworden, so der Eindruck. Zur Blattzeit musste ich mit meinem Fahrrad sehr tief in die Niederung hineinfahren, um die heimlichen Ecken zu finden, wo die Rehe noch stürmisch und heißblütig brunfteten – und das tagsüber, bei rechtem Licht für meine Kamera. Die Verursacher für diesen Wandel waren schnell ausgemacht. Die Spuren im Sand konnte man nicht übersehen – Wolfsspuren!

Der neue Siedler in der Rochauer Heide, Isegrim, hatte das Offenland für sich als Jagdrevier entdeckt. Für ein Rudeltier ist das Gebiet ein ideales Terrain. Remisen bieten ausreichend Deckung, und wenn das nicht reichen sollte, gibt es noch ein paar Waldinseln oder den Stängeldschungel einiger Maisfelder. Im Rudel jagt es sich auf den weiten Flächen viel besser als im dichten Wald. Da ist es meistens auch schwieriger, die Grauen zu beobachten.

Nur wenige hundert Meter von meinem Haus entfernt scharrten eine Zeit lang im Juni Wolfswelpen Löcher in einen Waldweg. Bestimmt geschah das in der Nacht, denn so oft ich da auch anstand – frühmorgens, mittags und abends – ich bekam sie einfach nicht zu Gesicht. Erst Ende Juli erwischte ich dann einen Jungwolf, der gerade dem Welpenstadium entwachsen war. Am helllichten Vormittag

30. August 2016, 18.21 Uhr: Die Jungwölfe haben den Mais verlassen, spielen noch ein wenig auf dem Weg, um dann durch die Wiesen zu streifen. Dabei trennen sie sich. Jeder geht seinen eigenen Weg.

31. August 2016, 6.54 Uhr: Eine Ricke zieht am Spielplatz der Jungwölfe in den Mais. Da der Wind über Nacht gedreht hat, fotografierte ich aus der entgegengesetzten Richtung.

versuchte der kleine Räuber auf einer Waldwiese unweit meines Heimatdorfes Beute zu machen. Tollpatschig stellte er Käfern und Grashüpfern nach. Was um ihn herum geschah, interessierte ihn herzlich wenig. Sein Rudel konnte ich nicht aufspüren, obwohl ich dem Wolfszwerg nach dem Verlassen der Wiese eine ganze Weile im Wald folgte.

In den vergangenen Jahren hatte ich nur relativ wenige Begegnungen mit Isegrim. 2016, im August, sollte sich das ändern. Das weite Grasland draußen vor dem großen Wald bescherte mir Wolfsanblick in erstaunlicher Häufigkeit. Etwas Glück gehörte natürlich auch dazu, aber das braucht man als Tierfotograf ohnehin. An einem Morgen Anfang des Monats wollte ich auf Rehwild pirschen. Als ich die Wiesen mit meinem Teleobjektiv ableuchtete, entdeckte ich kein einziges Stück. Dafür sah ich gar nicht weit entfernt im hohen Gras den grauen Rücken eines Wolfes. Ich hoffte darauf, dass der große Räuber zum nahen Maisfeld wechseln würde, denn nur auf dem Weg davor käme er frei für Fotos. Und er kam frei, äugte nach den ersten Bildern sogar zu mir herüber und verschwand dann ohne besondere Eile in den Futterpflanzen.

Eine Stunde später, tief in den Wiesen, begegnete mir ein weiterer Wolf. Da standen die Halme nicht so hoch, und ich konnte den augenscheinlich erst wenige Monate alten kleinen Kerl bestimmt hundertmal ablichten. Auch er wechselte hinüber zum Maisfeld. Für mich gab es keine Zweifel, dort befand sich die Heimstatt eines Wolfsrudels. Und wirklich, in den folgenden Wochen sah ich in der Umgebung

Die jungen Wölfe in den Wiesen sind keineswegs lichtscheu. Sie sind nicht nur abends und früh am Morgen unterwegs, sondern auch im hellen Sonnenschein. Sie spielen miteinander, suchen nach Insekten und unternehmen Streifzüge, alle gemeinsam im Rudel, aber auch einzeln, zu zweit oder zu dritt. Kein Tag ist wie der andere.

des Feldes nur wenige Rehe, keine Hasen und Füchse, dafür aber Wölfe!

Einen Tag nach dem ersten Wolfsanblick machte ich eine interessante Beobachtung. Auf einer Wiese mauste ein „Grauer". Ich war längst noch nicht nah genug, als der Wolf plötzlich von der Bildfläche verschwand. Der saß! Behutsam pirschte ich dem vermeintlichen Aufenthaltsort Isegrims entgegen. Das dauerte.

Dann endlich entdeckte ich seine Lauscher im hohen Gras. Noch ein paar Meter näher ran, und die ersten Aufnahmen waren im „Kasten". Der Wolf, vermutlich ein Jährling, also etwa 16 Monate alt, vernahm die Auslösegeräusche der Kamera und erhob sich. Da standen wir uns nun gegenüber, im Abendlicht auf der duftenden Wiese. Isegrim hielt

Schnappschuss: Wolf und sein potenzielles Beutetier – festgehalten auf einem Foto. Isegrim bemerkte die eilig wechselnde Ricke nicht!

Jungwölfe, ungefähr vier Monate alt

aus – verunsichert, aber standhaft. Nach meiner ersten Bildserie machte er einige Gänge von mir weg, schaute dabei immer wieder zu mir, ließ mich nicht aus den Augen. Als ich ihm hinterherstiefelte, wurde er unwirsch, fauchte und knurrte. Das Foto auf der Umschlagvorderseite des Buches entstammt dieser Szene.

Da die „Grauen" manchmal tagsüber Streifzüge unternahmen, bekam ich sie bei optimalen Bedingungen vor „die Linse". Wie eben erwähnt, gingen sie mitunter in Reineke-Fuchs-Manier allein auf Raubzug. An anderen Tagen machten sie sich zu zweit oder zu dritt auf, manchmal sogar mit allen Geschwistern. Da wurde dann, so wie es sich für Jung-

Jungwolf, ca. vier Monate alt, dahinter Jährlingswolf

Frühmorgens im Wolfsrevier

tiere gehört, miteinander gespielt und gebalgt. Die Rangeleien verliefen ohne jede Aggressivität. Das kenne ich von den Jungfüchsen, wenn sie einmal dem Welpenstadium entwachsen sind, ganz anders. Da geht es zur Sache, da wird gefaucht und gekeckert, gestritten und gekämpft. Eher bedächtig und liebevoll sahen dagegen die Körperkontakte der Jungwölfe aus.

Überhaupt war es ein harmonisch wirkendes Miteinander, wenn ich sie im Rudel beobachtete. Außer der Tagaktivität kam mir natürlich die Vertrautheit der jungen Wölfe zupass! In dieser Form kennt man sie eher weniger vom Wild unserer heimischen Fluren. Sie ermöglichte mir Bildserien, obwohl sie mich längst entdeckt hatten. Hier ist spürbar, dass die Raubtiere nicht bejagt werden. Die Alten geben das Feindbild Mensch nicht mehr an die Jungen weiter, und sie selbst machen keine schlechten Erfahrungen mit den Zweibeinern. So bleibt nur eine Scheu, die bei Einhaltung einer gewissen Distanz, in diesem Fall und bei diesem Rudel etwa 250 Meter, keine Flucht mehr nach sich zieht. Aufrecht gehend gelang es mir, den Tieren in den Wiesen zu folgen. Ich durfte ihnen nur nicht zu nahe kommen, dann konnte ich teilhaben an ihrer Geselligkeit und ihrem Müßiggang. Für ihren Lebensunterhalt mussten die ganz jungen Wölfe nicht sorgen, das taten die älteren.

Im allerbesten Licht mitten auf einer Wiese

Wolfsjährling auf seinem abendlichen Raubzug

Ein junger Wolf, gerade dem Welpenstadium entwachsen

Es gab natürlich auch einige Tage ohne Wolfsanblick. Dafür trauten sich dann die Rehe aus der Deckung, wesentlich aufmerksamer und sensibler als früher und in weitaus geringerer Zahl. Vielleicht sind es noch 50 % des einstigen Bestandes, die sich inzwischen eingerichtet haben, mit dem Wolf zu leben.

Bleibt alles so wie bisher – das Reh ist Jagdwild, und der große Beutegreifer genießt dauerhaften Jagdschutz –, hat das Schalenwild keine Chance und keine Zukunft. Früher oder später erfasst diese unausweichliche Abwärtsspirale auch den Wolf selbst, denn mit schwindender Beute schwindet auch sein Bestand.

Nach den Abstechern zu Reh und Wolf wenden wir uns nun wieder ganz den Rothirschen zu, die ich im Frühsommer 2014 im Mischwald an der Ostseeküste fotografierte. Die Erlebnisse während der Brunft im gleichen Jahr habe ich in den beiden vorhergehenden Kapiteln beschrieben und auch die Ende des Winters 2015 vom „Kanzler" gefundenen Abwurfstangen erwähnt. Vom Hirsch mit dem Dorn gab es zur Brunft nichts zu berichten, da er mir überhaupt nicht in Anblick kam. Vielleicht brunftete er in der kaum zugänglichen Waldinsel des Moores. Von ihm ist nur eine Abwurfstange aus dem Frühjahr 2015 bekannt geworden. Es handelte sich um die weniger attraktive rechte Seite des Geweihes. Das Gewicht von etwas mehr als drei Kilogramm und die Maße des Abwurfs liegen im Stärkebereich des „Kanzlers", obwohl dessen Hauptschmuck für meine Begriffe nicht ganz so wuchtig wirkte.

Im Juni 2015, während meines Aufenthaltes an der Küste, galt meine Aufmerksamkeit wieder bevorzugt den Kolbenhirschen. Mehr als eine Woche pirschte ich im Mischwald. Den häufigen Anblick von Geweihträgern im Bast habe ich vor allem meiner Ortskenntnis zu verdanken. Das Wissen um die Einstände, von denen aus die Hirsche tagsüber zur Äsung ziehen, wurde in den letzten Jahren immer mehr zum entscheidenden Kriterium für den Erfolg meiner Vorhaben. Vom Jahr 2011, als wenigstens 60 Geweihte den Wald als Sommer- und Wintereinstand nutzten, schrumpfte deren Zahl bis zum Jahr 2015 auf etwa 40 Individuen. Der Kahlwildbestand ist, abgesehen von zigeunernden Rudeln, bereits seit Längerem verschwindend gering. Diese Abwärtstendenz ist vorwiegend auf die verstärkte Bejagung

Die rechte Abwurfstange des „Dornenhirsches" vom Februar 2015, Jahrgang 2014. Der Verbleib der linken Stange mit dem auffallenden Kronenende konnte nicht geklärt werden.

der Zuwachsträger und die überproportionalen Eingriffe in die Jugendklassen des männlichen Wildes zurückzuführen. Im Kapitel „Herdentiere ohne Herden" greife ich die Problematik noch einmal auf. Nichtsdestotrotz gelangen mir in diesem herrlichen Wald mit seiner beeindruckenden Naturvielfalt interessante Beobachtungen. Von einer möchte ich hier an dieser Stelle berichten.

Am 21. Juni hatte ich mir vorgenommen, über die Mittagszeit wieder in dem kleinen, überdachten Hochsitz unweit der Waldlichtung auszuharren, auf dem ich im Vorjahr den „Kanzler" und den Hirsch mit dem Dorn fotografiert habe. Die Sonne strahlte am wolkenlosen, blauen Himmel, und der heiße Sommertag schien für den Ansitz auf scheues großes Wild eher wenig geeignet. Aber wie wir wissen, führt der hohe Nahrungsbedarf der Basthirsche gerade in dieser Jahreszeit zu einer Vertrautheit und einem Verhalten, die von den sonst üblichen Verhaltensweisen abweichen. Als ich über den Pirschweg den Hochsitz geräuschlos erreichte, entdeckte ich auf der Leiter stehend eine Ricke, die nur 20 Schritt entfernt links im Gras des Waldsaums ruhte. Mit der gebotenen Vorsicht schaffte ich unbemerkt die letzten Sprossen nach oben. Der Wind konnte nicht zum Verräter werden, er wehte mir direkt ins Gesicht. Ich nahm meine Kamera aus der Tragetasche, stellte behutsam den geeigneten ISO-Wert und den Silent Modus für leises Auslösen ein. Mein Rundumblick über die Brüstung der Kanzel machte mich Glauben, dass in dem Moment die Ricke und ich die einzigen größeren Lebewesen in diesem verschwiegenen Waldwinkel waren. Ein beinahe fataler Irrtum. Als ich mich ein wenig aufrichtete, um das Stück Rehwild in den Kamerafokus zu nehmen, sah ich eine mächtige Geweihstange im hohen Gras. Der Hirsch stand zum Greifen nah vor dem Sitz. Nur wenn man sehr genau hinschaute, konnte man den völlig überwucherten tiefen Graben, der über die Lichtung führte, erkennen. Dort drin befand sich der Geweihte. Und wie ich Sekunden später feststellte, noch einer. Die Hirsche ästen und wuchteten sich Sekunden später aus der Vertiefung. Wer so etwas schon einmal erlebt hat, der weiß von der unglaublichen Anspannung, die einen erfasst, wenn das Wild so nah ist. Ein Segen ist in solchen Augenblicken auch ein Telezoom, das man „zurückschrauben" kann, denn Objektive mit Festbrennweiten sind in diesen Situationen wertlos. Die beiden Geweihten wandten mir alsbald ihre

Am Graben vor dem Hochsitz äsen die Hirsche „hautnah".

Juni 2015: Die beiden Recken, der „Dornenhirsch" und der „Kanzler", äsen das Laub des Birkenanflugs auf der Waldlichtung.

Auch im hohen Gras auf der Blöße bleiben die beiden Geweihten dicht beieinander.

Im Jahr 2015 ist der auskragende „Dorn“ des Hirsches an der linken Stange in die Krone „gerutscht“.

Kehrseite zu und zogen mitten auf die Lichtung. Und dann bekamen sie Gesellschaft. Geräuscharm, aber dennoch gut vernehmbar schoben sich weitere Hirsche aus dem Fichtenholz rechts vom Sitz. Ich duckte mich ab, so tief, dass ich eben noch das Geschehen verfolgen konnte. Als Letzte des Rudels, fast im Körperkontakt, schritten der „Kanzler“ und der „Dornenhirsch“ den anderen ins hohe Gras nach. Was für ein Anblick!

Die linke Krone des „Dornenhirsches“ hatte in diesem Jahr eine merkliche Veränderung erfahren. Das nach hinten auskragende, sonst tief angesetzte Ende war nach oben „gerutscht“ und nicht mehr separater Bestandteil der Krone. Jetzt gehörte es dazu – mit unvergleichlichem Schwung. Der „Kanzler“ hingegen sah aus wie im Jahr zuvor. Die beiden ästen gemeinsam in den Birken, so dicht beieinander als wären sie Zwillinge. Auch als sie sich zur Abwechslung am Gras gütlich taten, wich keiner dem anderen von der Seite – ein wahrlich prachtvolles Duo! Im Rudel befand sich auch der Hirsch, der dem „Kanzler“ in der folgenden Brunft seinen angestammten Platz streitig gemacht hat. Er äste etwas abseits von der Gemeinschaft. Nach einer knappen Stunde tauchten die Basthirsche im gegenüberliegenden Birkenhain ab und taten sich zum Wiederkäuen nieder. Was ich zu diesem Zeitpunkt nicht ahnte, nicht ahnen konnte – es war meine allerletzte Begegnung mit dem „Sommerfreund“ des „Kanzlers“!

In der Brunft 2015 bekam ich den Hirsch mit der linken, wunderbar ausgeschwungenen Geweihkrone wieder nicht vor meine Kamera. Vermutlich hat er aber während dieser Zeit in der unübersichtlichen Weite des Moores irgendwo eingestanden. Als ich die Küstenreviere Ende September verließ und in der Niederlausitz den Ausklang der „hohen Zeit“ erlebte, ging es in dem großen Schilfgebiet immer noch recht lebhaft zu. Der zuständige Revierförster berichtete mir, dass es in der zweiten Oktoberwoche plötzlich noch eine richtig laute Brunft gab. Auslöser waren vermutlich einzelne Tiere, die nicht erfolgreich beschlagen worden waren. Das zieht die Geweihten unwiderstehlich an. Da treffen mitunter mehrere starke und reife Hirsche als Konkurrenten aufeinander. Sehr oft hörte der Förster an den Abenden brachiales Kampfgetümmel, ohne jedoch die Geweihten in Anblick zu bekommen. Am 13. Oktober erhielt er dann von einem Touristen einen Anruf. Dieser hatte auf seiner Wanderung entlang des Moores den Hirsch mit der beeindruckenden Krone entdeckt. Der Recke lag verendet auf einem teilweise gefluteten Fahrweg. Schwer verletzt durch mehrere Forkelstiche hatte er scheinbar versucht, einen Graben zu überwinden, um dann den nahen Wald anzunehmen. Es gelang ihm nicht. Mitten auf der Spur ereilte ihn sein bitteres Schicksal.

Geweih des am 13. Oktober 2015 von einem Touristen entdeckten verendeten Hirsches.

Der teilweise geflutete Plattenweg, auf dem der Hirsch an seinen Forkelverletzungen starb.

Trophäenbewertung

	links	rechts
Länge der Stangen	104,00	105,20
Länge der Augsprossen	35,50	34,60
Länge der Mittelsprossen	37,50	33,90
Stangenumfang unten	16,00	14,80
Stangenumfang oben	15,20	14,40
Umfang der Rosen	27,30	26,80
Anzahl der Enden	8	7
Masse des Geweihes	6,60 kg	
Auslage	1	
Krone	5,0	
Perlung	1	
Farbe	2	
Spitzen der Enden	2	
Eissprossen	2	
Gesamtpunktzahl (CIC Formel)		**198,64**

KRONEN, HAKEN, STILLER WALD

DER KAPITALE AUS DEM ERLENBRUCH

In den Ausläufern der Rostocker Heide, etwas weiter von der Küste entfernt, finden wir faszinierende Landschaften, die mich jedes Jahr aufs Neue begeistern und beeindrucken. Dort, wo die Erlwälder wachsen, im Reich der Riedgräser und Sumpfdotterblumen, des Glanzgrases und Pfeifenkrauts, glaubt man sich in eine andere Zeit versetzt. Als hätte es die ordnende Hand des Menschen nie gegeben. Ganzjährig stockt das Wasser zwischen den Wurzeln der Bäume. Großseggen haben Fuß gefasst, aus ihren Bülten keimt der Erlsamen. Die Wurzeln der sich entwickelnden Bäumchen wachsen nach unten wie ein Stativ, das mit der Zeit die Segge vernichtet. Ein Wald auf Stelzen entsteht. An manchen Stellen reckt im Frühjahr die Wasserfeder ihre weißen Blüten mit dem leicht violetten Hauch aus dem nassen Element. Fast überall schwimmen die grünen Teppiche der kleinen Wasserlinse. Wasserschwertlilien finden wir, wenn auch selten. Hell leuchten im Mai und Juni ihre gelben Blüten im Sumpf, den das Blätterdach der Schwarzerlen bis zum Herbst in Halbschattendämmerung taucht. Wo das Wasser nicht das ganze Jahr hindurch über dem Boden ansteht, ist die Flora des Erlwaldes weitaus reichhaltiger. Mehrere Seggenarten haben sich eingefunden und wachsen inmitten einer lockeren Strauchschicht von Johannisbeere, Faulbaum und Aschweide. Im Frühjahr blühen Sumpfdotterblumen. Ihre goldgelben Blüten sind unübersehbare Farbtupfer im frischgrünen Wald. Im Spätsommer entdecken wir mit etwas Glück die stumpfrötlichen Blüten des Wasserdostes. Einem Netz gleich halten der Bittersüße Nachtschatten und der Gemeine Hopfen manche der schlanken Erlenstämme gefangen. Schilf, Blutweiderich und Sumpffarn verstärken den eigenartigen Reiz des Gebietes, auf dessen trockeneren Standorten die Bäume gute Wuchsleistungen erreichen. Sie werden viel größer als im Sumpf, bis zu 20 Meter hoch. Eschen und Stieleichen haben sich hinzugesellt, dazu eine Fülle von Sträuchern, Stauden und Gräsern.

Buschwindröschen und Taubnesseln, Brennnesseln und Riesenschwingel, Waldzwenken und Rasenschmiele, Farne, Himbeer- und Haselsträucher und viele andere Vertreter

Sumpfdotterblumen (oben) und Erlwald im Staunässebereich (unten)

der Bodenflora finden wir hier. Noch weiter weg verdrängen allmählich Birken und Kiefern die Erlen. Scheinbar reicht der Basengehalt des Grundwassers nicht mehr aus, um sie gedeihen zu lassen. Die Brüche sind licht. Überall wuchern Pfeifengras und Adlerfarn. Stieleichen und Ebereschen bringen zusätzlich Abwechslung in die wilde Landschaft. Mitten drin in diesem wunderbaren Fleckchen Erde steht eine Kanzel. Sie bietet weite Sicht. Hier hat das Rotwild in jedem Winkel seinen Einstand.

Als ich eines Morgens den hohen Sitz hinaufkletterte, musste ich besonders vorsichtig sein. Ganz nah im Erlwald rumorten Sauen. Die wehrhaften Gesellen unserer Wälder bemerkten mich nicht, brachen weiter zwischen den Bülten im Modder. Erste Sonnenstrahlen tasteten sich über das vom Tau glänzende Blattwerk der Bäume und Büsche.

Ein Rudel Kahlwild zog auf die sumpfige Wiese vor der Kanzel und begann zu äsen. Die Tiere waren vertraut. Nur selten sicherten sie. Man merkte, dass schon seit vielen Wochen Jagdruhe in dem Revier herrschte.

Dem Schwarzwild war die Zurückhaltung der Weidmänner ebenfalls nicht entgangen. Im Erlwald waren sie tags-

Vertraut äsendes Kahlwildrudel

über unterwegs. Manchmal traf ich sie sogar um die Mittagsstunde außerhalb des Waldes an. Ein Erlebnis ist mir da besonders in Erinnerung geblieben.

Mitten auf einer Wiese sah ich eine Bache. Zu meinem Erstaunen wuselten recht kleine Frischlinge um sie herum. Vielleicht waren die Spätgeborenen sogar vom zweiten Wurf. Den ersten hatte das Muttertier, aus welchen Gründen auch immer, verloren. Gar nicht weit davon entfernt schnürte Reineke im hohen Gras. Als er entdeckt wurde, gab es eine mächtige Hatz; voran Reineke und dahinter in voller Fahrt die wutschnaubende Bache. Allerdings beschränkte sie sich auf einen kurzen Sprint und ließ ganz schnell wieder von dem Rotrock ab. Ich pirschte einen verschilften Graben entlang, um mich der Schwarzwildfamilie weiter zu nähern. Vor allem wollte ich die gestreiften Winzlinge ablichten. Ein an der Grabenböschung errichteter Hochsitz kam mir da gerade recht, versprach er doch beste Übersicht. Nach einer Viertelstunde Ansitz entschied ich mich abzubaumen. Die Bache und ihr Nachwuchs waren immer noch zu weit entfernt. Plötzlich entdeckte ich den soeben vertriebenen Rotfuchs. Der schnürte von der Wiese kommend auf die offene Kanzel, die ich gerade verlassen wollte, zu.

Bache mit ihrem Nachwuchs auf einer Waldwiese. Dem Rotfuchs gelingt es nicht, einen Frischling zu erbeuten.

Unglaublich, aber der Räuber verharrte direkt unter dem Sitz und schaute zu mir auf. Das Auslösegeräusch der Kamera verunsicherte ihn zwar, aber an Flucht verschwendete er scheinbar keinen Gedanken. Auch nicht an den menschlichen Geruch, den er eigentlich unweigerlich wahrnehmen musste. Zielstrebig setzte er seinen Weg an der Böschung des Grabens Richtung Schwarzkittel fort. Sehr schnell verlor ich ihn wieder aus den Augen, da Schilf und hohes Gras seinen roten Balg verschluckten. Nach einigen Minuten folgte ich dem Räuber. Problemlos konnte ich die Entfernung zwischen der Bache und mir verringern. Völlig unerwartet hatte ich dann plötzlich eine weitere Fuchsbegegnung. Hoch konzentriert pirschte ich die letzten Meter auf die „Schwarze“ zu und wäre dabei dem vor mir im Gras lauernden Rotfuchs fast auf die Rute getreten. Die Überraschung war auf beiden Seiten groß. Als Reineke hochflüchtig abging, bemerkte ich den Grund seiner Lauerstellung. Keine zehn Meter entfernt befand sich ein Kessel im Schilf des Wiesenrandes, besetzt mit gestreiften kleinen Kerlchen. Ein weiterer Zweitwurf oder die Geschwister der zwischen der Bache umherwuselnden Frischlinge? Ich weiß es nicht. Ob es Reineke allerdings gelungen wäre, tatsächlich einen „Frosch“ zu stibitzen, ohne die Aufmerksamkeit der nicht weit entfernt grasenden Bache zu erregen, bezweifelte ich. Deckung gab es genügend, aber ein Raub ohne verräterische Geräusche? Das schien mir ob des schnurrenden und quietschenden Gewühls im Kessel aussichtslos.

In dem Revier zog nicht nur das Schwarzwild und das Kahlwild seine Fährte, sondern auch ein Hirschrudel. In dem befand sich ein Geweihter, wahrscheinlich vom 6. Kopf, der mir durch seine besonders mächtigen Kronen auffiel. Entgegen meiner üblichen Erfahrung mit den Kolbenhirschen klappte es einfach nicht, den Trupp auf fotogene Entfernung in Anblick zu bekommen. An der Jahreszahl 2013 kann es eigentlich nicht gelegen haben, zumal ich nicht abergläubisch bin und ansonsten recht erfolgreich im Erlwald und seiner Umgebung pirschte. Aber meine Bemühungen, den angehenden Kapitalhirsch zu fotografieren, standen scheinbar unter keinem guten Stern. Doch dann kam der Tag, an dem nach menschlichem Ermessen nichts mehr schiefgehen konnte. In den späten Morgenstunden entdeckte ich das Rudel Kolbenhirsche auf einer großen Waldwiese. Die Geweihten ästen ganz vertraut. Mitten unter ihnen befand sich auch der „Hoffnungsträger“, der mit seinen mächtigen Bastkronen gehörig prahlte. Nur einen Graben musste ich noch überwinden, um dann im Schutz eines Dammes die Entfernung zu den Hirschen entscheidend zu verkürzen. Ein gestürzter Baum über dem Wasser bot sich da als Brücke an. Der Stamm war feucht, aber nicht bemoost. Meine Hast und Eile, um die einmalige Chance nicht zu verpassen, sollte mir zum Verhängnis werden. Die Kamera verstaute ich in der Tragetasche, damit ich beim Balancieren über das Holz besser das Gleichgewicht halten konnte. Doch schon nach wenigen Schritten rutschte ich aus, und ab ging die Fahrt nach unten. Völlig hilflos stürzte ich in den Graben, der gerade an dieser Stelle besonders tief war.

Bis zur Brust stand ich im kühlen Nass. Instinktiv riss ich mir die Tragetasche mit der Kamera vom Leib und schleuderte sie ans Ufer. Dann stemmte ich mich die Grabenböschung hinauf und saß wieder auf der Seite, die ich eigentlich hinter mir lassen wollte, um zu den Hirschen zu gelangen. An die verschwendete ich keinen Gedanken mehr, sondern packte die Tasche und nahm die Kamera heraus. Unglaublich, aber diese schien beinahe trocken zu sein. Sie hatte nur ein paar Spritzer abbekommen. Wahrscheinlich war das der rasanten Geschwindigkeit zu verdanken, mit der ich gehandelt hatte. Erst als ich mich meiner klatschnassen Kleidung entledigte, um sie ordentlich auszuwringen, bemerkte ich, welches Glück im Unglück ich gehabt hatte. Eine Schürfwunde von der linken Wange bis zur Schläfe blutete ziemlich stark. Beim Sturz war ich mit dem Kopf am Stamm entlanggeschrammt, ohne es zu spüren. Ein etwas anderer Winkel beim Aufschlagen wäre mir vermutlich übel bekommen.

Ich weiß nicht, wie lange ich brauchte, um das Chaos wieder zu ordnen. Zumindest dauerte es so lange, dass von den Hirschen drüben auf der Wiese nichts mehr zu sehen war. Es sollte auch meine letzte Chance gewesen sein, dem kapitalen Zukunftshirsch in der Bastzeit noch einmal zu begegnen.

Im September brachte ich dann endlich die ersten Fotos von dem Recken zustande. Er war in seinem Einstandsgebiet geblieben und nicht zu einem anderen Brunftplatz gewechselt. Der Erlwald wurde zum Zentrum für die Hirschhochzeit. An einem Vormittag wartete ich an der Ostseite des Waldes, um die Hirsche zu verhören. Der Westwind trug jeden Ruf deutlich zu mir herüber. Plötzlich setzte infernalisches Gebrüll ein. Da waren bestimmt zwei Hirsche aneinandergeraten. Keine drei Minuten brauchte ich, dann konnte ich das Geschehen bereits aus gebührender Entfernung verfolgen. Es ging zu wie im Tollhaus. Ganze Trupps von Beihirschen hetzten und hasteten um und über eine Lichtung, schrien wild und drohend. Zwei Hirsche stemmten sich mit aller Kraft gegeneinander. Sie drehten sich im Kreis. Keiner vermochte den anderen von der Stelle zu schieben. Zwei ebenbürtige Gegner! Es dauerte, bis es einem der Kämpen gelang, den anderen von der Lichtung zu bugsieren.

September 2013: angehender Kapitalhirsch, ungerader 20-Ender, etwa 6. Kopf

Wer sich da ums Kahlwild raufte, konnte ich beim besten Willen nicht feststellen. Nur einer kehrte auf die Lichtung zurück – der Sieger! Ich kannte ihn nicht. Vielleicht ein Zugewanderter? Aufgrund der Beihirsche ringsum war ich in Deckung geblieben. Diese Vorsicht sollte sich nun auszahlen. Plötzlich wechselte einer von denen, die nicht das Sagen hatten, zwischen den Erlen heran und auf 150 Schritt an mir vorüber. Der prachtvolle Zukunftshirsch! Und es gab ein Dacapo. Kaum war er in den Erlen verschwunden, tauchte er auch schon wieder auf und trollte erneut, nun in umgekehrter Richtung, an mir vorbei. Es schien, als wollte er mich für meine Erfolglosigkeit während der Bastzeit entschädigen. Und ich musste dafür gar nicht viel tun, nur warten. Pirschen gehen heißt pirschen stehen! Das Beherzigen dieser jägerische Weisheit hat sich in dem Fall absolut ausgezahlt. Besser als an jenem Vormittag bekam ich den Hirsch während der Brunft nicht mehr vor.

Ende des Winters 2014 wurden die Abwurfstangen des ungeraden 20-Enders gefunden. Sie wogen etwas mehr als sechs Kilogramm. Von der Punktzahl her fehlte nicht viel bis zur Goldmedaille. Sein nächstes Geweih wird, wenn er gesund bleibt, diese Stärkeklasse mit Sicherheit erreichen. Im späten Frühjahr und im Sommer 2014 pirschte ich mehrere Male in der Erlwaldlandschaft, ohne einen Geweihten zu sehen. Selbst das Kahlwild machte sich rar. Einzig und allein die Sauen waren präsent – und das in großer Zahl. Es gab kaum einen Tag, an dem ich die schwarzen Gesellen nicht sichtete. Einmal rückte ich einer Bache unbewusst so nah auf den „Pelz", dass ich einen gehörigen Schreck bekam. Urplötzlich schoss sie hinter einer Erle hervor, geradewegs auf mich zu. Um Haaresbreite verfehlte sie mich, ob gewollt oder ungewollt, darüber wage ich nicht zu urteilen. 50 Schritt hinter mir bremste sie ihren Galopp und begann zu schimpfen, richtig furchterregend. Den Grund für ihr wütendes Gehabe entdeckte ich Sekunden später.

Abwurf Frühjahr 2014, Jahrgang 2013

Winzige Frischlinge hatten sich am Fuß der Erle eingeschoben, verharrten da ganz reglos. Dieser Angriff oder Scheinangriff kam ganz ohne Ansage. Und ich gebe zu, die Überraschung war so groß, dass mir die Knie weich geworden waren. Das erinnerte mich an eine Begegnung mit einer

Drohgebärde

Der quirlige Nachwuchs verlässt seinen Kessel

mächtigen Bache in der Niederlausitz, die schon Jahrzehnte zurückliegt. Damals geschah alles mit Ansage.

Ende der 80er-Jahre des vorigen Jahrhunderts, an einem Märztag mit strahlend blauem Himmel, bekam ich bei dieser Begegnung einen gehörigen Schreck. Weiß waren die Felder und Wälder, ganz vom Raureif bedeckt, eine stille und kalte „Puderzuckerlandschaft“. Die ersten Sonnenstrahlen ließen die Reifkristalle glitzern. Im Bruch, an dessen Rand ich schon geraume Zeit wartete, regte sich nichts. Blattloser, karger Birkenwald und krummwüchsige Kiefern brachten Abwechslung in das braune Halmenmeer des Pfeifengrases. Bei einem erneuten Rundblick entdeckte ich eine im ersten Augenblick undefinierbare Bewegung. Ein kastenförmiger, hellgrau erscheinender Wildkörper tauchte auf, verschwand und war an anderer Stelle bald wieder zu sehen. Im Sucherbild der Kamera erkannte ich eine außerordentlich starke Bache mit weiß gescheckten Flanken. Unentwegt zog sie in der Nähe eines Horstes tief-

beasteter Krüppelkiefern auf und ab. Mit aller Vorsicht pirschte ich dichter heran und suchte mir eine breite und feste Bülte als Standort, um die Bache im Pfeifengras besser ausmachen zu können.

Fünfzig Schritt trennten uns. Nach einigen Minuten entdeckte ich ihren Nachwuchs, gestreifte Winzlinge, die erst ein paar Tage alt waren.

Die sorgsam umhegten Frischlinge der Schwarzkittelmutter tapsten ungelenk zwischen den gelbbraunen Halmen umher. Vermutlich befand sich unter den Krüppelkiefern der Kessel der Schwarzwildfamilie. Ich schnalzte mit der Zunge, um den weiß-grauen Koloss in eine fotogene Position zu bringen, ihn zum Aufwerfen zu zwingen. Es gelang. Nochmaliges Schnalzen, und die große Bache rückte vollständig aus dem Pfeifengras heraus, geradewegs auf mich zu. Der Verschluss meiner Exa-IIb klickte. Das Sucherbild blieb schwarz, denn erst nach der Betätigung des Schnellaufzuges gab sie den Blick durch das Fernobjektiv wieder frei. Diese „blinde Sekunde" war entscheidend. Wohl vom Verschlussgeräusch zusätzlich gereizt, stürmte das besorgte Muttertier mit rasender Geschwindigkeit heran.

Anrückende Bache

Die verbleibende Zeit für eine rettende Handlung war nur in Sekundenbruchteilen zu messen. Instinktiv riss ich die Arme nach oben und schrie den „heranfliegenden Kasten" an. Kaum drei Meter vor meinen Stiefelspitzen konnte die mächtige Sau ihren blitzschnellen Anlauf stoppen. Auf den Hinterkeulen, den Vorderkörper fast zur Mannesgröße aufgerichtet, rutschte sie auf mich zu und warf sich unmittelbar vor mir mit solcher Gewalt herum, dass mir die Grasbatzen entgegenflogen. Dann preschte sie zum Wurfkessel zurück und schimpfte, was das Zeug hielt. Das hieß Rückzug für mich, weg aus der Gefahrenzone. Ich war richtig froh, als ich das Blasen und Schnauben des aufgebrachten Tieres nur noch aus der Ferne hörte. Nicht auszudenken, wenn sie ihren Anlauf nicht rechtzeitig hätte stoppen können.

Bei den Hirschen ist es eher ihre Erscheinung, ihr Anblick, der uns mitunter den Atem stocken lässt. Die Schwarzkittel machen das auf ihre ganz eigene Art, beeindrucken uns mit ihrer Wehrhaftigkeit und Verteidigungsbereitschaft.

Der kapitale 20-Ender sorgte über den Sommer hinweg jedoch nicht für einen erhöhten Pulsschlag bei mir, blieb verschwunden und betrat erst im Herbst 2014 wieder die Bühne des Schauspiels „Hirschhochzeit". Und es war ein kurzer Auftritt und ein einmaliger. In einem Birkenwald östlich des Erlenbruches sah ich ihn an einem sonnendurchfluteten Morgen plötzlich in weiter Ferne ziehen. Seine überaus mächtigen Kronen ließen keine Zweifel aufkommen, um wen es sich handelte. Er folgte einem Tier, das scheinbar zielstrebig in einem Birkengebüsch 100 Meter voraus Einstand nehmen wollte. Sehr schnell verkürzte ich den Abstand zum Wild und fotografierte den Recken mehrfach. Unerwartet schwenkte das Rottier ab und hielt auf mich zu. Ein Glücksmoment, denn nun bestand die tolle Chance, den Recken im Schlepptau des Stückes formatfüllend abzulichten und so alle Einzelheiten seines Geweihes festzuhalten. Ganz schmal machte ich mich hinter einer Birke, als das Tier dicht aufrückte. Der Hirsch hing noch mächtig hinterher, schien alle Zeit der Welt zu haben. Dann kam der „Schock" für mich. Der imposante Geweihte dachte gar nicht daran, dem Tier zu folgen, sondern schob sich in das Birkengebüsch ein. Längst war das Stück Kahlwild tiefer in den Birkenhain gezogen und ich wartete und wartete, in der Hoffnung, dass sich der Kapitale noch einmal zeigen würde. Er tat es nicht. Vermutlich befand sich in der Buschgruppe

Brunft 2014: Der 20-Ender folgt im Birkenwald einem Tier.

sein Rudel. Das Rottier, dem er gefolgt war, ließ die erhoffte Brunftbereitschaft wahrscheinlich vermissen. Da lohnte ein Nachsteigen nicht.

In den nächsten Tagen stand ich gut im Wind im Birkenwald und hielt geduldig Ausschau nach dem 20-Ender – erfolglos! Die Brunft ging zu Ende, und die dunkle Zeit im Jahr übernahm das Zepter. Im Januar 2015 tauchte der Kapitale dann wieder auf.

Gemeinsam mit anderen Hirschen besuchte er jede Nacht eine Kirrung, die ein pensionierter Forstwirt gar nicht weit entfernt von seinem Wohnhaus eingerichtet hatte. Die Geweihten taten sich an den Rüben gütlich und wurden dort von der installierten Wildkamera fotografiert. Als in der ersten Februarhälfte die Hirsche begannen, ihre Geweihe abzuwerfen, gelang es anhand der Infrarotbilder sogar, das Abwurfdatum der Stangen des 20-Enders zu ermitteln. Jeden Tag war der pensionierte Forstwirt nun im Wald unterwegs, um die Prachtstücke zu finden. Und mit jedem Tag, an dem er leer ausging, wurde die Enttäuschung größer. Es sollte einfach nicht sein. Schließlich fand ein Nachbar die linke Stange des Geweihes. Ganz offen, gar nicht versteckt, lag die vier Kilogramm schwere Stange am Rand eines Grabens tief im Wald. Zum Gegenstück gab es keine Meldung. Es blieb verschwunden.

Die linke Stange aus dem Frühjahr 2015, Jahrgang 2014. Sie wog am Tag des Fundes 4 kg. Die Geweihstärke des Hirsches hat gegenüber dem Vorjahr erheblich zugenommen. Eine Schätzung nach der CIC Formel für Rotwild ergab anhand des Abwurfs 215 Punkte. Für einen Hirsch vom etwa 7. Kopf ist das ein beachtlicher Wert.

Wie in den vorangegangenen Jahren zeigte sich der Kapitale aus dem Erlenbruch auch im Frühsommer 2015 „fotoresistent“ – mit einer einzigen Ausnahme. Am letzten Tag meines Aufenthaltes im Mai in Mecklenburg-Vorpommern kam es für mich völlig unerwartet und überraschend doch noch zu einer Begegnung mit dem Recken. Die Hoffnung, ihn in Anblick zu bekommen, hatte ich längst aufgegeben. Die Beobachtung von Basthirschen zählt zweifelsohne nicht zu den schwierigsten Unterfangen. Viele Kolbenträger konnte ich deshalb fotografieren, nur eben den einen nicht – den, den ich am meisten begehrte. Ich glaubte, dass er in einem Gebiet einstand, das ich gar nicht kannte. Ohne das Wissen um seinen Aufenthaltsort machte es natürlich wenig Sinn darauf zu spekulieren, ihn zu erwischen. Wer weiß, wo der Geweihte alltäglich seine Runden zog. Meine letzte Pirsch sollte dann auch eher eine gemütliche Radtour werden und kein kräftezehrender Gang im unwegsamen Gelände. Gleich zu Beginn des „Ausflugs“, noch ein Stück weit entfernt von meinem eigentlichen Ziel, wechselten plötzlich zwei starke Hirsche über einen Kahlschlag im Wald, an dem ich gerade völlig entspannt vorbeiradelte. Nun musste alles blitzschnell gehen. Unfallfreier Abstieg vom Drahtesel, Kamera

Der stärkste Hirsch weit und breit!

aus der Tragetasche, ISO-Wert einstellen, fokussieren – das alles in wenigen Sekunden. Es klappte.

Noch bevor die Hirsche die andere Seite des Kahlschlages erreichten, war die erste Bildserie im „Kasten". Und dann blieb mir wider Erwarten Zeit, viel Zeit. Am Waldrand stoppten die Geweihten ihren Troll, hielten aus und äugten zu dem Störenfried da vorn auf dem Weg. Eine bessere Gelegenheit konnte es nicht geben. Ohne Eile verschwanden sie wenig später im Holz. Ich brauchte die Fotos auf dem Display der Kamera nicht aufzoomen, um festzustellen, wen ich da abgelichtet hatte. Die mächtigen, erst angesetzten Kronen des Zukunftshirsches ließen keine Zweifel aufkommen, wer da über die offene Fläche „geschaukelt" war. Es war der Kapitale aus dem Erlenbruch. Die vergrößerten Bilder benötigte ich nur, um die Kronenenden auszuzählen. Links zeigte er oben sechs Knubbel und rechts acht – ein ungerader 22-Ender! Der stärkste Hirsch weit und breit!

Seinem Brunfteinstand im September 2015 hielt der ungerade 22-Ender die Treue. Und er benahm sich auch nicht ganz so zurückhaltend wie im vergangenen Jahr. Bevor wir uns jedoch begegneten, beobachtete ich einen anderen Hirsch im Erlenbruch, der mir hinsichtlich seines Alters anfangs Rätsel aufgab. Er herrschte über ein kopfstarkes Kahlwildrudel und bewegte sich äußerst agil. Demnach musste es ein jüngerer Recke sein. Als er mich anwechselte und ich sein ziemlich flapsiges Gesicht genau in Augenschein nehmen konnte, war ich mir dann nicht mehr so sicher. Sollte er tatsächlich schon den 10. Kopf erreicht haben und damit jagdbar sein? Trotz der täuschenden „Hängewangen" kam ich letztendlich zu dem Schluss, dass ich einen mittelalten Geweihträger vor mir hatte – vielleicht vom 8. Kopf. Auf dem Foto rechts, wo er ruht, sieht man meiner Meinung nach recht deutlich den eher noch kindlichen und frischen Gesichtsausdruck. Auch sein Geweih, schlank und rank, zeugte keineswegs von Reife. Da die Konkurrenz zu diesem Zeitpunkt nicht allzu groß war, behielt der Hirsch sein Rudel einige Tage. Gegen die „Schneider" ringsum konnte er sich mühelos behaupten. Als die Hochbrunft nahte, verschwand er von der Bildfläche. Lebend bekam ich den Geweihten nicht mehr in Anblick. Monate später erhielt ich einen Anruf. Der Hirsch war gefunden worden, verludert im Wald, ungefähr sieben Kilometer Luftlinie von seinem Brunftplatz entfernt. Die Todesursache konnte nicht mehr

Brunft 2015: Platzhirsch im Erlwald

Der Hirsch hat sich niedergetan, bleibt aber aufmerksam.

Die Trophäe des gefundenen Hirsches erreichte „Silbermedaillenstärke".

festgestellt werden. Da ist es müßig zu spekulieren, ob er vielleicht bei einem Brunftkampf schwerwiegende Verletzungen davon getragen hatte oder ob er einer Kugel zum Opfer gefallen war.

Bei der Begutachtung des Zahnabschliffs geriet meine Einschätzung zum Alter des Hirsches ins Wanken. Der Zustand des Gebisses deutete eher auf einen ungefähr zehn Jahre alten Hirsch hin. Die Beurteilung des Zahnverschleißes bringt allerdings keine hundertprozentige Genauigkeit. In Abhängigkeit von der Festigkeit der Zahnsubstanz, die genetisch festgelegt ist, und der Beschaffenheit der vorwiegenden Äsung (weicher oder härter) sind Toleranzen von zwei Jahren plus/minus unbedingt einzukalkulieren. Die Höhe der Rosenstöcke ließ ebenfalls Zweifel am vorher geschätzten Alter aufkommen. Schon ziemlich kurz, legten sie nahe, dass der Geweihte wohl doch ein Lebensjahrzehnt absolviert hat. Der gut geperlte und tiefbraun gefärbte Hauptschmuck ist relativ dünnstangig. Er gehört keinesfalls zur massereichen Kategorie. Mit ganz knapp über 190 CIC-Punkten „rutscht" die Trophäe gerade so in den Silbermedaillenbereich.

In der Brunft 2015 fiel noch ein anderer Hirsch aus diesem Revier, und zwar definitiv durch eine Kugel. Weitaus stärker als der Fundhirsch, endenreicher und vor allem massiger, besaß er eine Besonderheit an der linken Stange – zwei Eissprossen! Im Jahr 2013 war das nicht zu übersehende Erkennungszeichen bereits vorhanden. Es handelte sich damals jedoch eher um eine geteilte Mittelsprosse mit einer Eissprosse, die scheinbar dem gleichen Gabelast entsprangen. Eine separate Bewertung des linken Abwurfs (die rechte Stange tauchte nirgendwo auf) brachte bereits die Punktzahl für die Goldmedaillenklasse. Das lag vor allem am unteren Umfang der Stange von fast 20 Zentimetern.

Das Geweih, das der Hirsch 2014 ausbildete, war ähnlich stark wie das vom Vorjahr. Nun aber zeigten die Sprossen im mittleren Bereich der linken Geweihseite eine klare Struktur. Unter der kräftigen Mittelsprosse befanden sich zwei deutlich voneinander getrennte Eissprossen. Wie mir berichtet wurde, konnte der Hirsch während der Brunft 2014 lange Zeit ein kopfstarkes Kahlwildrudel zusammenhalten. Auch wenn er sich als Platzhirsch mehr als zwei Wochen behauptete, leicht fiel ihm das nicht. Immer wieder musste er sich Rivalen stellen, die ihn entthronen wollten. Seine mächtige Gestalt und sein starkes Geweih machten ihn zu einem Respekt einflößenden Gegner. Doch den Rivalen entging keineswegs, dass sie es mit einem mittelalten und nicht mit einem reifen und erfahrenen Haudegen zu tun hatten. Bei einem der Kämpfe brach ihm dann sicher auch ein Eisspross an der linken Stange ab. Diese unfreiwillige „Korrektur" seines besonderen Erkennungszeichens fiel am abgeworfenen Geweih im Februar 2015 kaum auf. Es schaute aus wie das von einem ganz normal ausgeformten ungeraden 16-Ender.

Abwurf Frühjahr 2014, Jahrgang 2013. Die Kronenform blieb in den Folgejahren gleich, die Anordnung der Eis- und Mittelsprossen veränderte sich jedoch.

Der Kapitalhirsch während der Brunft 2014. Deutlich sind die beiden Eissprossen an der linken Geweihstange zu erkennen.

Abwurf vom Frühjahr 2015, Jahrgang 2014. Das Geweih, bewertet nach der CIC Formel, erreicht geschätzte 215 Punkte, Goldmedaille.

Die Wucht und Masse der Stangen hoben sich jedoch von der Normalität ab. Über acht Kilogramm wog der Abwurf und bestätigte die Ausnahmestellung seines ehemaligen Trägers.

Im Jahr seiner Erlegung präsentierte der Hirsch wiederum ein außerordentlich starkes Geweih. Und auch die beiden Eissprossen an der linken Stange fehlten nicht. Bereits zum Beginn der Brunft 2015 herdete er zahlreich Kahlwild um sich und schrie seine Befindlichkeit lauthals in den Wald. Bei der Pirsch auf den Recken musste ich vor allem auf seine Tiere achten, um nicht entdeckt zu werden. Er selbst stellte keine Herausforderung dar, widmete sich ausschließlich seinen Aufgaben als Platzhirsch. Um seine Sicherheit sorgte er sich nicht. Als das gute Dutzend Weiblichkeit im Dickicht des Tageseinstandes verschwand, erwischte ich ihn hautnah. Er schrie vor dem Holz noch mehrere Male, und

Zum Beginn der Bruft 2015 folgt der kaptiale Hirsch einem kopfstarken Tierrudel.

ich hatte aufgrund des hohen Grases ringsum alle Mühe, ihn ordentlich freizubekommen.

Zwei Wochen später hauchte der Recke sein Leben aus. Am frühen Morgen des 19. September beobachteten Jagdgast und Jagdführer das Rudel mit dem Recken draußen auf einer Wiese vor dem Wald. Das Licht reichte für einen guten Schuss, aber die Entfernung betrug etwa 300 Meter. Zu weit!

Unbehelligt wechselte das Rotwild ein und die Weidmänner baumten von der Kanzel ab, auf der sie seit Ausgang der Nacht ansaßen. Um Erfolg zu haben, mussten sie den Hirsch angehen. Der Jagdführer kannte natürlich den Einstand, in dem sich das Wild bereits seit vielen Tagen aufhielt. Jetzt hieß es schnell handeln, denn dem Geweihten konnte nur außerhalb der schützenden Deckung die Kugel angetragen werden. Frei nach dem Motto „wer zu spät kommt, den bestraft das Leben", hasteten die Weidmänner dem Brunftrudel entgegen. Als der Sichtkontakt hergestellt war, pirschten sie ganz behutsam, um sich die Chance nicht zu vermasseln.

Und Diana war ihnen hold. Rechtzeitig erreichten sie den Einwechsel des Rotwildes. Als Letzter kam der Hirsch. Schreiend wandte er sich den Jägern zu, zog ganz nah heran. Die Distanz betrug nur noch 15 Meter, als der tödliche Schuss brach.

Meine erste Begegnung während der Brunft 2015 mit dem kapitalen ungeraden 22-Ender, dem Titelhelden dieses Kapitels, hatte ich eine Woche vor der Erlegung des „Goldhirsches". Sie verlief ziemlich spektakulär. Schon früh am Morgen saß ich auf einer wackligen Leiter inmitten des weitläufigen Bruchgebietes. Hinter mir befand sich eine kleine Erlwaldinsel mit Unterholz und vor mir Birkengebüsch, umgeben von hohem Grasland, das von Gräben durchzogen war. Alles schwamm im Nebel – Nebel, der auch am Tag nicht weichen wollte.

Die Hirsche ringsum schrien eher verhalten. Fern hörte ich einen mit besonders gewaltiger Stimme. Unverkennbar tief und rau klang sie herüber. Ein imposanter Ruf, der so recht in die Nebelstimmung dieses Morgens im Bruch passte. Den Geweihten schien die „Reiselust" gepackt zu haben. Anfangs schrie er weit links und später weit rechts hinter mir. Und dann plötzlich ganz dicht bei der kleinen Waldinsel,

Die Trophäe des am 19. September 2015 erlegten Hirsches

Trophäenbewertung

	links	rechts
Länge der Stangen	100,50	105,50
Länge der Augsprossen	35,20	32,20
Länge der Mittelsprossen	33,60	39,30
Stangenumfang unten	16,40	17,10
Stangenumfang oben	15,00	15,00
Umfang der Rosen	28,80	28,50
Anzahl der Enden	9	8
Masse des Geweihes	9,20 kg	
Auslage	2	
Krone	7,0	
Perlung	1,5	
Farbe	2	
Spitzen der Enden	1,5	
Eissprossen	2	
Gesamtpunktzahl (CIC Formel)		**212,59**

an der ich auf der Leiter saß. Ich erschrak gehörig, als seine kehlig tiefe Stimme ertönte. Dann brach er in das Wäldchen ein, rücksichtslos und lärmend. Sekunden später schwankte ein mächtiges Geweih an der Ansitzleiter vorbei. Ich wagte kaum zu atmen. Der 22-Ender! Von oben schaute ich dem Hirsch aufs Haupt. Er war so nah, viel zu nah für ein Foto. Sein Geweih hatte gegenüber dem Vorjahr weiter an Stärke zugelegt. Er stand wie festgenagelt in der Nebelsuppe unter mir und äugte hinüber zum Birkengebüsch. Ganz reglos saß ich, er sollte nicht merken, dass da oben einer ausharrte. Dann schrie er so laut, dass mir die Ohren dröhnten. Ein Moment von unglaublicher Faszination! Nach einer gefühlten Ewigkeit setzte sich der Recke schließlich in Bewegung, schritt hinaus auf das Grasland, stieg in den nahen Graben und zog von mir weg. Seine fast übermächtigen Geweihkronen sah ich noch einige Augenblicke im Rhythmus seines Schrittes schwanken. Dann war alles vorbei! Zeit, das Ganze Revue passieren zu lassen und durchzuatmen. Obwohl ich nichts Greifbares nach Hause tragen konnte, kein gutes und kein schlechtes Foto, habe ich doch etwas mitgenommen – ein unvergessliches Erlebnis!

So ist das mitunter, vielleicht sogar recht oft. Bei vielen spektakulären Ereignissen, seien es die Kämpfe der Rivalen, die Abwehr von Beihirschen, das Anwechseln auf Nahdistanz und anderes mehr, lassen es manchmal die Umstände nicht zu, die spannendsten Situationen in Bildern festzuhalten.

Nicht nur die Turbulenz des Geschehens bringt da Probleme mit sich, sondern auch die Geländestrukturen oder die Sicht- und Lichtverhältnisse. Dann wieder sind die Begegnungen so wenig spektakulär gestrickt, so unaufgeregt, beinahe langweilig. Und alles ringsherum stimmt. Das Wild stellt sich vielleicht sogar in Pose – und die schönsten Bilder sind ohne Mühen im „Kasten“. Bei dem ungeraden 22-Ender ist das ein bisschen anders, jedenfalls für mich. Sein Anblick ist mir Aufregung genug. Zwei Tage nach dem tollen Morgen im Bruch erlebte ich tatsächlich solch eine Wunsch-Konstellation. Mittagszeit, kein greller Sonnenschein, sondern diffuses, aber gutes Licht, leichter Westwind: Auf einer Schneise pirschte ich zum Rand des Birkenhains. Ich befand mich bereits auf dem Heimweg. Im hohen Gras unter den Birken entdeckte ich Kronenenden, dunkel und stark. Die Entfernung betrug noch etwa 100 Schritt.

Stimmungsvoll erwacht der Tag und lässt auf eine gute Hirschbrunft hoffen.

Ich hatte alle Zeit der Welt, da der Wind vom Wild zu mir wehte. Mein Fernglasersatz, das Teleobjektiv, offenbarte mir Sekunden später, wer da vor mir im Grase ruhte. Der ungerade 22-Ender! Meine Gelassenheit schwand schlagartig. Aber gerade jetzt hieß es: Ruhe bewahren und den Verstand benutzen. Ein Fehler durch unüberlegtes Handeln oder aus Hast wäre unverzeihlich. Exakt prüfte ich die Einstellungen meiner Kamera und legte dabei Wert auf eine nicht zu lange Belichtungszeit. „Wackler“ konnte ich hier überhaupt nicht gebrauchen. Dann sondierte ich das Gelände. Sollte er Kahlwild dabei haben, war absolute Vorsicht geboten. Im hohen Gras konnte ich jedoch keine Lauscher entdecken. Ähnlich wichtig wie die Vorsicht vor einer eventuellen weiblichen Begleitung ist die Auswahl der Position, von der aus man fotografiert. Zum einen benötigt man freie Sicht zum Wild und zum anderen muss man den Standort so wählen, dass das Stück, sollte es sich erheben und abziehen, nicht sofort von den umstehenden Bäumen verdeckt wird. Außerdem ist auf Distanz zu achten, ganz nach dem Prinzip: so nah wie möglich, so fern wie nötig. Es ist kontraproduktiv, wenn man schon nach wenigen Auslösungen entdeckt wird – für beide Seiten!

Die Frühsonne malt den Anblick in den herrlichsten Farben.

Linkerhand, fast auf Höhe des ruhenden Recken, machte ich im lockeren Birkenbestand die vermutlich ideale Position für mein Vorhaben aus. Da musste ich hin, den kleinen Hang hinauf. Ich verließ die Schneise und pirschte zu diesem Ort, mit der gebotenen Vorsicht.

Den Hirsch behielt ich dabei im Auge, um auf alles vorbereitet zu sein. Man kann nie wissen, was passiert. Es reicht ein durchziehendes Stück, und schon reagiert der Geweihte. Oben angekommen bedurfte es noch einer kleinen Korrektur, und das „Schussfeld" schien optimal. Nun brauchte ich nur die Geduld, um abzuwarten, dass sich der ungerade 22-Ender erhebt. Nach einer knappen Stunde war es so weit. Das mächtige Geweih ruckte aus dem hohen Gras, der Hirsch stand – in Pose! Nach der ersten Bildserie äugte er zu mir. Hatte er das leise Auslösegeräusch der Kamera vernommen? Verunsichert drehte er ab, ohne Eile, eher unschlüssig. Als er in den Birkenhain zog, verharrte er mehrfach, und sein Blick suchte geradezu nach der vermeintlichen Störquelle da irgendwo am Hang. Ausmachen konnte er sie nicht. Das gab mir die Zeit für zahlreiche Fotos.

Bald verlor ich den davonsteigenden Recken aus den Augen, und die ganze Anspannung der letzten Stunde fiel von mir ab, wandelte sich aufgrund der gelungenen Bilder vom kapitalen Geweihten in Zufriedenheit. Ein großartiges Erlebnis und ein großartiger Moment für mich als Tierfotograf! Wer kennt es nicht, dieses Gefühl, das einen erfasst, wenn man erreicht hat, was man sich vorgenommen hat. Das ist Glückseligkeit pur. Eine weitere Begegnung mit dem kapitalen Hirsch während der Brunft 2015 war mir nicht vergönnt.

Irgendwann Ende Oktober oder Anfang November verließ der beeindruckende Geweihte seinen Brunftplatz und kehrte in sein Einstandsgebiet zurück. Fotos von ihm, von einer Wildkamera an einer Kirrung gemacht, bezeugten das. Bis Anfang Dezember wurde der Recke regelmäßig an dieser Kirrung bestätigt. Zum letzten Mal am 5. Dezember. Danach gab es kein Lebenszeichen mehr von ihm, kein Foto

Fotografenglück: Der Hirsch posiert wie gewünscht.

an der Kirrung, kein Anblick im Wald. Wie vom Erdboden verschluckt, so der Eindruck bei all denen, die ihn kannten. Im Januar des neuen Jahres machten Spekulationen die Runde. Ist er vielleicht in einer der Nachbarjagden erlegt worden? Hat ihn das Schicksal des „Kofferraumhirsches" ereilt? Diese Spekulationen und Befürchtungen verdeutlichen auch das Misstrauen, das unter den Jagdpächtern herrscht. Sie sind sich eher spinnefeind, als dass sie für ihre Sache gemeinsam kämpfen und einstehen. Das herbeigeredete Szenario, das aber keineswegs so unwahrscheinlich ist, entpuppte sich letztendlich und zum Glück als Phantasie, genährt von der Angst, dass der Recke die Trophäenwand eines ungeliebten Nachbarn oder gar unbekannten Schützen schmücken könnte. Denn am 13. Februar 2016 lagen beide Abwurfstangen des Hirsches dem pensionierten Forstwirt, der unweit seines Wohnhauses die Kirrung mit der Wildkamera eingerichtet hatte, vor den Füßen. Der Fundort befand sich lediglich ein paar hundert Meter von der Ablenkfütterung entfernt.

Wahrscheinlich stand der kapitale Hirsch die ganze Zeit in seinem angestammten Revier. Die Aufregung um seinen Verbleib war nur der Tatsache geschuldet, dass er sich am Kirrplatz nicht mehr ablichten ließ und sehr zurückgezogen lebte. Reduzierte Aktivitäten in den lichtarmen Monaten sind beim Rotwild überhaupt nicht ungewöhnlich.

Das abgeworfene Geweih des Recken, vermutlich vom 8. Kopf, begeisterte alle, die es sich anschauten. 9,4 Kilogramm brachten beide Stangen frisch auf die Waage. Die endenreichen Kronen beeindruckten mit ihrer außerordentlichen Wucht. Kein anderer Hirsch im Einstandsgebiet konnte mit diesem Hauptschmuck konkurrieren. Wenn der Kapitale die nächsten Jahre unbeschadet übersteht, wird er zeigen, was in ihm steckt. Und das, davon bin ich überzeugt, liegt in Punkten ausgedrückt auf jeden Fall dicht an der magischen Zahl 240!

Der Abwurf des ungeraden 22-Enders vom Februar 2016, Jahrgang 2015. Der etwa 8-jährige Geweihte wird, sofern er überlebt, zum absoluten Kapitalhirsch heranreifen.

Abwurfstangenmaße und -gewichte (etwa 8. Kopf)

	links	rechts
Länge der Stangen	107,20	102,00
Länge der Augsprossen	38,00	39,40
Länge der Mittelsprossen	37,30	44,50
Stangenumfang unten	17,00	16,90
Stangenumfang oben	17,30	17,00
Umfang der Rosen	28,70	27,50
Anzahl der Enden	9	11
Masse des Geweihes	8,50 kg	
Gesamtpunktzahl (CIC Formel) geschätzt		**225**

WENN AUS GEWEIHEN HAKEN WERDEN

Im vorhergehenden Kapitel haben wir uns einen außergewöhnlich starken Geweihträger angeschaut, der seine Lebensmitte noch nicht erreicht hat. Seine bullige Figur und der mächtige Hauptschmuck kann einem unerfahrenen Schützen ein jagdbares Alter vortäuschen. Bei den Individuen, die wir uns jetzt anschauen, sollte es selbst für einen Eleven in grünem Loden unstrittig sein, wer da vor ihm steht. Hier gibt es kein Rätseln.

Wenn aus Geweihen Haken oder Stummel werden, sind die Hirsche alt, manche wirklich nur alt, manche sehr alt und einige uralt. Vor dem 15. Lebensjahr trifft es ganz wenige, vielleicht die, deren Konstitution schon immer nicht die beste war. Mit 16 oder 17 Jahren geschieht es häufiger, mit 18 Lebensjahren „auf dem Buckel" ist es fast eine zwangsläufige Entwicklung. Denn dann geht der Kelch der Vergreisung an keinem mehr vorüber. Vitalitästverluste sind längst eingetreten, und der körperliche Verfall schreitet unaufhaltsam voran. Am Anfang dieser Abwärtsentwicklung stehen Stangenknicke, das Weglassen von Sprossen und die verkürzte, schwunglose Ausbildung von Enden oder deren wimmriger Wuchs. Bei jedem Hirsch verläuft dieser Prozess der Veränderung seines Geschlechtsmerkmals und Symbols der Männlichkeit anders, bei vielen jedoch ähnlich. Krankheiten im zunehmenden Alter fördern und beschleunigen die Fehlbildungen.

Manchmal wird die Rückbildung des Geweihs aufgehalten oder verlangsamt, und der Hauptschmuck wird sogar wieder etwas stattlicher. Liegt es am milden Winter, der weniger Kraft kostet oder hat der Vitalitätsschub andere Gründe, wenn zum Beispiel ein Gebrechen ausheilt und die Gesundheit des Hirsches weniger beeinträchtigt? Es kann viele Gründe geben, von denen wir kaum etwas wissen, wo wir nur vermuten können und letztendlich doch im Dunkeln und Ungewissen stochern.

In der Fachliteratur heißt es da mehr oder weniger übereinstimmend: „… *die Vergreisung ist am raschen körperlichen Verfall der Hirsche und am Zurücksetzen der Geweihbildung zu erkennen.*“ Diese Aussage von H. Drechsler, die er in seinem Buch „Altersentwicklung und Altersansprache beim Rotwild“ trifft, ist richtig. Sie bringt es auf den Punkt. Bei den Rothirschen in der freien Wildbahn sind es wenige Jahre, die uns mit aller Deutlichkeit zeigen, dass es dem Ende zugeht. Es ist jedoch eher selten, wenn nicht ganz selten, dass man es auch dokumentieren kann. Die Jagd greift in der Regel vorher ein, eliminiert die alten und auch viele nicht so alte Hirsche. Da grenzt es eher an ein Wunder, wenn man Methusalems begegnet, die sich durchmogeln konnten. Im Küstenrevier ist es mir gelungen, solche alten Recken aufzuspüren und sie in ihrem letzten Lebensabschnitt zu fotografieren.

Ende Juni 2013 wartete ich in den frühen Nachmittagsstunden an einer Schneise auf den „Flammenhirsch“, von dem ich im Kapitel „Ried, Sumpf und Flachwasser“ erzählt habe. Vergeblich! Dafür zog an dem Tag der alte Hirsch, der auf dem Foto auf der Seite 181 zu sehen ist, aus dem Bestand. Eine Viertelstunde äste der Geweihte auf der Lichtung und sicherte nicht ein einziges Mal. Deshalb bekam ich ihn auch nicht so frei wie gewünscht. Eigentlich war die Situation für Fotos optimal, keine Hektik, kein Stress, absolute Vertrautheit, alles ganz entspannt. Aber der Hirsch hielt sein Haupt unten, dachte gar nicht daran zu äugen. Sein knochiger Widerrist trat mehr als deutlich hervor, ragte auf wie ein extremer Buckel. Der war alt.

Wie alt, konnte ich nur schätzen, vielleicht 15 oder 16 Jahre? Als ich das Bild vom Hirsch einem Revierexperten zeigte, erfuhr ich die Bestätigung. Er war es auch, der die Abwurfstangen des Geweihten im Frühjahr 2014 fand. Sie wogen knapp sechs Kilogramm und zeigten Merkmale der beginnenden Vergreisung. Die verkürzte Ausbildung der Augsprossen (die linke davon nach unten geneigt und die rechte Mittelsprosse leicht verwunden) machten deutlich, dass es in den nächsten Jahren mit dem Geweih wohl abwärts gehen würde. Und es ging abwärts, rapide!

Am 3. Juni 2014 pirschte ich vormittags gut im Wind am Rand des Waldes unweit einer Gartenkolonie in Richtung des vermutlichen Aufenthaltsortes eines Hirschrudels. Die Laubenpieper hatten alle Hände voll zu tun. Musik und vielerlei Arbeitsgeräusche drangen zu mir herüber. Da ich die Dickfelligkeit der Basthirsche kannte, hoffte ich darauf,

Sommer 2013: Der alte Hirsch begegnete mir im Monat Juli noch einmal. Im Bild rechts ist sein Abwurf vom Frühjahr 2014, Jahrgang 2013, zu sehen. Die Stangen wogen frisch fast 6 kg.

dass der Lärm sie nicht störte. Als ich mich einer Waldlichtung näherte, entdeckte ich zwischen dem Birkenanflug auf der Fläche tatsächlich die graugelb in der Sonne leuchtenden Bastgeweihe von äsenden Hirschen. Ich schaute mich im Buchenwald, dessen Schatten mir hinreichend Deckung bot, nach einem erhöhten Beobachtungsplatz um. Zu ebener Erde verhinderten das hohe Gras und die vielen Birkenbüsche die notwendige freie Sicht für Fotos. Eine umgestürzte Buche mit mächtigem Wurzelteller, ungefähr 50 Meter voraus, kam mir da gerade recht. Bis dahin ging es flott. Die Kletteraktion auf dem liegenden Stamm nach vorn zum Wurzelteller war aufgrund der vielen Äste allerdings ziemlich mühsam. Geräusche galt es unbedingt zu vermeiden, denn das Rudel befand sich nicht mehr weit entfernt. Zum Glück hatte sich am Wurzelteller der Buche Erdreich gelöst und bot mir eine ideale Sichtluke. Der Rest war ein Kinderspiel. Ich musste mein Kameraauge nur hin- und herschwenken, um die Hirsche auf der Blöße beim Ziehen oder Äugen zu fotografieren. Beim Äsen machte es keinen Sinn, da dann die Geweihe mehr oder weniger vom hohen Gras verdeckt waren. Sieben Kolbenhirsche ließen sich da vorn alle Zeit der Welt, um sich den Pansen vollzuschlagen. Ein alter Hirsch mit abnormem Geweih fiel mir auf. Als er endlich einmal frei kam, sah ich deutlich die zurückgesetzte linke Stange ohne Mittelspross und ohne Augspross. Nur oben hatte sie eine kleine Vereckung, ansonsten ähnelte sie eher einem Knüppel. In diesem Moment und während der gesamten Beobachtung ahnte ich nicht, dass es sich um den ungeraden 16-Ender vom Vorjahr handelte.

Sommer 2014: Der alte Hirsch stand in einem siebenköpfigen Rudel. Sein Geweih hatte stark zurückgesetzt, vor allem die linke Stange. Sie zeigte typische Merkmale der Überalterung ihres Trägers. Abwurf Frühjahr 2015, Jahrgang 2014 (Bild links).

Erst als ich mir daheim auf dem Laptop die Fotos genauer anschaute, bemerkte ich, dass die rechte Geweihseite in ihrer Form und Ausbildung sehr der rechten Stange des alten Hirsches aus dem Jahr 2013 ähnelte. Nach starker Vergrößerung der Bilder aus den beiden Jahren bestanden dann für mich keine Zweifel mehr. Er ist es. Am rechten Lauscher hatte der Hirsch nämlich einen kleinen Einriss, jeweils an der derselben Stelle. Und auch der Vergleich seiner Abwürfe aus den beiden Jahren, begutachtet von mehreren Rotwildkennern, bestätigten schließlich meine Annahme. Der Gewichtsverlust bei den Abwurfstangen von mehr als zwei Kilogramm gegenüber dem Vorjahr fiel deutlich aus. Die Vermutung lag also nahe, dass er sein Geweih 2015 noch wesentlich schwächer ausbilden würde. Aber wider Erwarten präsentierte er einen besseren Hauptschmuck.

Am 31. Mai 2015 glaste ich mit dem Teleobjektiv meiner Kamera die Waldlichtung ab, auf der ich ihn vor einem Jahr fotografiert hatte. Der Wind, eher ein warmes Lüftchen, strich von Westen her. Kein Hirsch äste auf der Fläche, keine Kronen ragten aus dem Gras. Schon wollte ich meine Pirsch fortsetzen, als ich auf einen hellgrauen Ast zwischen den Birken aufmerksam wurde.

Reglos „hing" er im Grün der Birkenblätter. Die Geweihstange eines ruhenden Hirsches! Glück gehabt, denn wäre ich weitergepirscht, hätte irgendwann mein Wind den Hirsch erreicht. Nun brauchte es Geduld. Zwei Stunden dauerte es, bis sich der Geweihte erhob. Inzwischen wusste ich, wer dort ruhte. Dazu genügten ein paar Rüttler und

31. Mai 2015: Der greise Hirsch schlägt mit seinem Geweih in eine Fichte. So ein Anblick ist der absolute Ausnahmefall, da die Baststangen in der Regel sehr schmerzempfindlich sind.

Drehungen des Hauptes. Der „Knüppel" ohne Aug-, Eis- und Mittelspross konnte nur dem Alten gehören. Der Hirsch stand wie angenagelt in den Birken. Dann endlich Bewegung. Kam er frei, um zu äsen oder zog er ab? Bedächtig schritt er aus dem Dickicht auf eine kleine Fichte zu. Nicht um zu äsen. Er hatte etwas ganz anderes vor, etwas, das ich noch nie in meinem Leben beobachtet habe. Zumindest nicht im Wonnemonat Mai.

Der Hirsch nahm die kleine Fichte an, wuchtete sein Geweih hinein und scheuerte in den stachligen Nadeln, was das Zeug hielt. Und es blieb nicht bei der einen Attacke. Zu meiner Verwunderung ließ er nicht von dem Bäumchen ab, tat es immer wieder. Gerade in der Bastzeit gehen die Hirsche besonders vorsichtig mit ihrer Wehr um, da die Haut schmerzempfindlich ist, versorgt sie doch das wachsende Geweih mit Nährstoffen. Der Alte schien jede Logik außer Kraft zu setzen. Für die Ausbildung der Krone brauchen die Hirsche etwa 40 Tage. Dann stirbt der Bast innerhalb

21. Juni 2015: Sein Geweih ist (fast) fertig vereckt.

von 14 Tagen ab, geht verloren und die noch anhaftenden Reste werden abgestreift. Die Kronen des Hirsches waren tatsächlich bereits weit geschoben, aber wirklich fertig vereckt, jetzt, Ende Mai? Kaum zu glauben! Drei Wochen später, am 21. Juni 2015, beobachtete ich den Hirsch erneut auf der Waldlichtung, ganz nah und immer noch im Bast. Jetzt schienen die Kronen fertig geschoben zu sein.

Das Aufnahmedatum des Fotos oben auf der vorhergehenden Seite ist ebenso unstrittig wie das des Bildes darunter. Neben dem Bild speichert die Kamera auch die EXIF-Daten ab. Sie enthalten alle relevanten Aufnahmeinformationen, unter anderem auch das Datum, an dem das jeweilige Foto entstanden ist. Die Aufschreibungen sind Zeugnis eines außergewöhnlichen Verhaltens. Dazu passte auch die Geweihentwicklung des Sonderlings. Aus dem „Fast-Spieß" an der linken Geweihseite von 2014 ist eine Stange mit Dreierkrone geworden. Rechts prahlte er, ähnlich wie im Vorjahr, mit einer stattlichen Viererkrone. Wenn der Hirsch die kommende Jagdzeit und den Winter heil überstand, durfte man gespannt sein, was für einen Hauptschmuck er 2016 aufsetzen würde.

Ein anderer greiser Hirsch aus dem Küstenwald, den ich in den Jahren 2014 und 2015 beobachtete, überraschte und beeindruckte mich mit seiner Geweihentwicklung noch

Überalterter Hirsch, erlegt 2015 in der Rostocker Heide. Die Rückbildung bzw. das Weglassen von Enden, in diesem Fall sind es beide Augsprossen, ist ein typisches Zeichen der Vergreisung. Bei der gezeigten Trophäe handelt es sich nicht um den alten Hirsch, der auf den vorigen Seiten in Bild und Text vorgestellt wurde (dieser Hirsch kam 2015 nicht zur Strecke).

Der Abwurf des alten Hirsches vom Frühjahr 2016, Jahrgang 2015. Wider Erwarten ist sein Geweih gegenüber dem Jahr 2014 etwas stärker geworden.

mehr als der, den ich gerade vorgestellt habe. Auch wenn ich mich wiederhole, aber solch alte Herren überhaupt in Anblick zu bekommen, ist die absolute Ausnahme. Sind die Begegnungen zudem relativ häufig und beschränken sich nicht nur auf ein Individuum, fragt man sich natürlich, wie so etwas möglich ist. Dass sich ab und zu einer durchmogelt, liegt in der Natur der Sache, da die hegerische Arbeit nun mal nicht flächendeckend bis in die äußersten Winkel jeder Flur funktioniert. Vielleicht fehlt es aber wirklich an der letzten Konsequenz, diesen außergewöhnlichen Trophäenträgern intensiv nachzustellen? Immerhin ist ihre augenscheinliche Überalterung ja ein Prozess, der nicht innerhalb eines Jahres abläuft, sondern einen viel größeren Zeitraum in Anspruch nimmt. Andererseits habe ich gut reden, denn ich erwische die Methusalems vorrangig außerhalb der Jagdzeiten auf das Rotwild. Da sind sie wahrscheinlich um einiges vertrauter.

Mitte April 2014 beobachtete ich einen sehr alten Hirsch, der sich hinter einer vom Sturm umgeworfenen Fichte niedergetan hatte. Sein Geweih begann er gerade erst zu schieben, während viele andere Hirsche im Revier bereits die Mittelsprossen ausbildeten. Ich konnte es fast nicht mit ansehen, wie er sich quälte, um hochzukommen. Als er endlich stand, begann er mit torkelnden Gängen davonzuziehen. Es schien, als würde er jeden Moment zusammenbrechen. Allerdings verlor sich das Torkeln und Schwanken nach gut 50 Metern, und sein endgültiger Abgang gelang ihm mit Würde und relativ festem Schritt. Noch nie war mir so ein gebrechlich wirkender Hirsch in freier Wildbahn begegnet.

Am 5. Juni 2014 glaubte ich an ein Wiedersehen mit dem Methusalem. Langsam näherte ich mich im Schatten eines Buchenwaldes einer Lichtung. Als ich sie überschauen konnte, bemerkte ich das Bastgeweih eines Hirsches. Es leuchtete in der Vormittagssonne und ragte unbeweglich aus dem hohen Gras. Ich ließ mir richtig Zeit, wollte keinen Fehler machen. Weder am Rand der Buchen noch auf der Waldblöße entdeckte ich einen weiteren Hirsch. Nach einigen Dutzend Metern vorsichtiger Pirsch war ich nah genug und hatte alles voll im Blick. Jetzt brauchte ich nur noch zu warten. Manchmal kann das Stunden dauern, da man nicht weiß, wann sich der Hirsch zum Wiederkäuen in sein „Bett" begeben hat. Der Wind kam von vorn, bedeutete also keine Gefahr bei einem langen Anstand. Nach einer knappen Stunde erhob sich für mich vollkommen unerwartet ein anderer Hirsch aus dem hohen Gras. Der Greis vom April, schoss es mir sofort durch den Kopf! So ein Zufall! Und so eine Chance! Noch nie hatte ich einen Hirsch mit derartigen Baststummeln gesehen. Mein Gott, war der alt. Sein Haupt wirkte schmal, bestimmt aufgrund des Zahnabschliffs, der das Gebiss enger zusammenrücken lässt. Etwas später stand der mittelalte Hirsch auf und beide ästen vertraut auf der Lichtung. Da hatte ich alle Zeit der Welt, gute Fotos „zu schießen". Auch schien sich der Alte richtig erholt zu haben, kein Vergleich zur Begegnung im April. Erst daheim stellte ich fest, dass es sich nicht um denselben Hirsch handelte. Bei genauer Betrachtung der Baststummel auf den Bildern erkannte ich, dass die Augsprossen oder deren Andeutungen beim „Aprilhirsch" viel deutlicher abgesetzt waren. Zwar besaßen beide am rechten Lauscher auch eine Einkerbung, aber nicht an gleicher Stelle. Demzufolge war der „Juni-Greis" nun bereits der dritte überalterte Hirsch, den ich im Jahr 2014 in diesem Revier beobachten konnte.

Im selben Jahr gelang es mir, bereits am 20. Mai einen Geweihten zu fotografieren, bei dem meiner Ansicht nach ebenfalls deutlich die Zeichen einer nahenden Vergreisung zu sehen waren. Neben dem wesentlich geringeren Fortschritt beim Schieben des Geweihes im Vergleich zu seinen Begleitern befand er sich noch im Haarwechsel.

Alle anderen Kolbenhirsche des Rudels gingen mit der fast fertigen Sommerdecke. Verzögerungen des Haarwechsels sind typisch für betagte Stücke. Sie verfärben sehr spät. Das schmale Haupt des Hirsches und die fehlende Wamme machten ihn auf den ersten Blick jünger, zumal er körperlich schlanker und geringer erschien als die meisten

Mitte April 2014: Der greise Hirsch ruht hinter einer vom Sturm geworfenen Fichte.

5. Juni 2014: Ein weiterer „Methusalem", den ich im Revier beobachten konnte. (Bild oben) Der alte Hirsch im Porträt. (Bild links)

Im Bildvordergrund zieht ein sehr alter Hirsch über die Waldlichtung, daneben ein bereits verfärbter, angehender reifer Hirsch, dessen Bastgeweih schon die Kronen ausgebildet hat (20. Mai 2014).

Rudelmitglieder. Immer wieder kam es zu kleinen Rangeleien, in deren Folge der Alte mehrfach von anderen und wesentlich jüngeren Kolbenhirschen harsch in die Schranken verwiesen wurde. Er ließ diese Zurückweisungen über sich ergehen und wollte, wie es ausschaute, lieber in Gesellschaft bleiben. Im Bild ganz unten auf dieser Seite sehen wir den Hirsch im Vordergrund. Sein Alter schätzte ich auf wenigstens 16 Jahre. Das wäre dann Greis Nr. 4 in diesem Revier.

Anfang Juni 2015 bescherte mir die Pirsch am Vormittag im Küstenwald wiederum eine interessante Methusalem-Begegnung. Ort des Ereignisses: die Waldlichtung, auf der ich im Vorjahr aus dem Schatten der Buchen heraus den uralten Hirsch mit den beiden Stummeln auf dem Haupt fotografiert hatte. Diesmal sah ich bei der Annäherung an die Waldlichtung zahlreiche Bastgeweihe über dem hohen Gras. Ein Hirsch lag sogar am Rand des Buchenwaldes, eine schwarze, prächtige Silhouette vor dem strahlenden Sonnenlicht, das die Waldlichtung flutete. Ein großes Rudel! Der Wächter am Buchenrand verhinderte eine weitere Annäherung. Das war einfach zu riskant. Also übte ich mich in Geduld und wartete. Vielleicht ist die nächste Äsungsperiode nicht mehr fern, und der vorn am Waldrand liegende Hirsch zieht ins Gras auf die Blöße? Vielleicht kommt es aber auch anders, und das Rudel wechselt in die Buchen? Der breite Pfad mit den tiefen Tritten der Hirsche, auf dem ich pirschte, machte diese Vermutung nicht ganz unwahrscheinlich. Es dauerte und dauerte. Dann, wie eine Erlösung, gab es Bewegung. Fast auf Kommando erhob sich der Trupp, auch die „Silhouette“ da vorn zwischen den Buchen. Schlechter Wind?! Das konnte nicht sein, zumindest nicht von mir! Wenige Sekunden später trafen sich die Kolbenhirsche, zehn an der Zahl, mitten auf der Fläche. Spielereien und Neckereien mit engstem Körperkontakt folgten, und dann drifteten sie auseinander, begannen zu äsen. Besser ging es nimmer. Jetzt kam meine „Stunde“! Ich behielt sie im Auge und pirschte in den Buchenrand. Nun hatte ich freien Blick. Was für ein Hirsch stand denn da neben dem Trupp? Links ein Haken und rechts ein Knüppel mit Krone prangten über seinem Haupt. Dieser Anblick suchte seinesgleichen. Den musste ich unbedingt im Bild festhalten!

Nicht nur am Geweih sah man es dem Hirsch an, dass er in die Jahre gekommen war. Ohne Hauptschmuck könnte man sein Antlitz beinahe mit dem von einem Rottier verwechseln, so lang und schmal schaute es aus.

Erst nachdem ich den Sonderling „im Kasten“ wähnte, widmete ich mich den anderen Hirschen. Nach einer Viertel- oder halben Stunde, mein Zeitgefühl spielte mir auf Grund der Ereignisse einen Streich, formierte sich das Rudel und zog davon, voran der „Hakenhirsch“. Schau einer an, hier hatte mal der Alte das Sagen. Doch schon bevor sie die Fläche verließen, trennten sie sich. Der Greis und zwei Be-

4. Juni 2015: So erstaunlich es auch ist, diesem Hirsch wuchsen 2014 nur „Zapfen oder Stümpfe“ auf dem Haupt. Ein Jahr später hat er mächtig zugelegt. Trotzdem, es bleibt das Geweih eines Greises, links nicht viel mehr als ein Haken, rechts eine Stange mit wimmrigem Wuchs und fehlendem Mittelspross.

Der Greis führt das Rudel an.

gleiter schwenkten nach rechts ab und verschwanden in einem Birkengebüsch. Die anderen behielten ihren „Kurs" bei, bis zum gegenüberliegenden Lichtungsrand. Dort begannen sie wieder zu äsen, ganz vertraut. Sie fühlten sich geschützt von den Buchen, deren Kronendach an diesem helllichten Tag noch ein wenig Kühlung und Schatten spendete. Ein Weilchen später rückte einer nach dem anderen ab in den Wald. Der Jüngste folgte als Letzter, äugte zu mir herüber. Ich stand immer noch zwischen den Bäumen, die Kamera längst am Tragriemen über die Schulter gehängt und den Ausklang des Anblicks genießend.

Derselbe Einriss am rechten Lauscher – derselbe Hirsch

Der Hirsch mit dem „Hakengeweih" stellte nun wirklich alles auf den Kopf, was man für solche Greise als Perspektive erwartet oder in Erwägung zieht. Denn so unglaublich es auch klingen mag, aber der Alte war der mit den beiden Stümpfen auf dem Haupt, den ich im Juni 2014 beobachtet hatte. Derselbe Ort, dieselbe Zeit, derselbe Hirsch! Wenn wir davon ausgehen, dass das Geweih ein Überschussprodukt des Stoffwechsels ist und uns die Vitalität seines Trägers mehr oder weniger direkt signalisiert, dann hat sich der Greis in einer erstaunlichen Weise stabilisiert. Bei der Erscheinung, die er 2014 bot, lag wohl eher die Vermutung nahe, dass er den Winter nicht überleben würde. Nun war das Gegenteil passiert. Er hatte noch einmal zugelegt, und zwar, in der Relation betrachtet, ganz außerordentlich! Vielleicht ist vieles vorhersehbar, selbst in der Wildbahn, aber eben nicht alles. In der Wildbahn, während der Feldbeobachtung, wäre es auch nicht möglich gewesen, den Hirsch wiederzuerkennen. Die Fototechnik half in diesem Fall definitiv. Der Bildvergleich (links) fokussiert auf den rechten Lauscher des Greises und beweist dessen Identität.

HERDENTIERE OHNE HERDEN

In der zweiten Augusthälfte beginnt es, das leichte Kribbeln im Bauch. Je näher der September rückt, umso intensiver werden Spannung und Erwartung. Gibt es eine laute Brunft? Passt das Wetter? Immer wieder, jedes Jahr aufs Neue, fast schon wie ein Ritual, spüre ich dieses Auf und Ab der Gefühle. Wenn ich zurückschaue, dann kann ich mit gutem Gewissen sagen, dass meine Hoffnungen nur ganz selten enttäuscht worden sind. Erlebnisreiche Tage hat es stets gegeben, mal mehr, mal weniger.

Diese positive Bilanz war aber längst nicht so homogen wie es scheint. Von den Fotos, die ich mit nach Hause nahm, konnte man das sicher behaupten. Aber beim Verlauf der Brunften gab es regional und lokal bereits deutliche Veränderungen. In den Küstenrevieren zum Beispiel verwaiste auf Grund der sinkenden Wildbestände ein großer Brunftplatz, der bereits seit Jahrzehnten existiert hatte. In den Wäldern, die durch den Bundesforst verwaltet und zum Teil an den Naturschutzbund verkauft worden waren, brachte es der verantwortliche Forstbeamte fertig, innerhalb weniger Jahre einen großen Teil des Rotwildbestandes auszulöschen. Er hatte bereitwillige Unterstützung durch schießwütige Weidgenossen gefunden, die bei den durchgeführten Treiben ihre Leidenschaft ungehemmt ausleben konnten.

Die drastische Reduzierung des Kahlwildes begann bereits im Spätherbst 2010. Bei den Drückjagden gerieten mehrere Rudel in das Dauerfeuer der ansitzenden Jäger und wurden vollständig aufgerieben. Bereits ein Jahr später, während der Brunft, war dieser Aderlass mehr als deutlich zu spüren. Die Platzhirsche, die sich in dem Gebiet behaupten konnten, gingen jeweils nur mit ganz wenigen Tieren. 2012 schrien dann viel seltener Hirsche, und im Jahr

Foto: Christian Hubatsch

Die verwaisten Brunftplätze werden von zuwandernden Hirschen noch ein paar Jahre auf anwesendes Kahlwild kontrolliert.

Wo Wölfe leben, wächst der Wald. Sie reduzieren die Schalenwildbestände. Die Strategie „Wald vor Wild“ geht auf.

2013 herrschte im September fast gänzlich Schweigen im Walde. Vereinzelt zogen noch suchende Recken durch die prächtige Naturlandschaft und gaben auch mal Laut, aber mit Hirschbrunft hatte das nichts mehr zu tun.

Im angrenzenden Stadtforst sah es inzwischen nicht viel besser aus. In wenigen, schwer zugänglichen Gebieten konzentrierte sich das Wild und brunftete dort ziemlich ungestört. Der „Rest“ des Waldes blieb so gut wie stumm und schien nahezu wildleer. Septemberstille! Das Schweigen im Walde war aber nicht ganz vollkommen, es gab Ausnahmen, und diese Ausnahmen habe ich genutzt. Sie sind wie ein Ausblick in die Zukunft, wie ein Blick auf künftige Szenarien, wenn die Bestände des Rotwildes vielerorts in solchen Größenordnungen abnehmen werden, dass sich die Wilddichte nicht mehr in der uns vertrauten und althergebrachten Maßeinheit beziffern lässt. Aus „Stück pro 100 Hektar“ werden „Stück pro 1000 Hektar“. Das ist keineswegs Utopie, sondern in vielen Ländern Realität. *„Wo der Wolf wechselt, wächst der Wald“*, schrieb E. Wagenknecht schon in seiner 1981 erschienenen Rotwildmonographie und nennt Rotwilddichten von zwei bis vier Stück auf 1000 Hektar für die Karpatenwälder. In den Küstenwäldern wird es in vielen Gebieten den Wolf dafür nicht brauchen, das regeln die grünbejackten und grünbehosten Beamten.

Allerdings ist der staatliche und kommunale Einfluss nicht flächendeckend vorhanden, sodass die Anwesenheit des grauen Räubers auch ganz im Norden Mecklenburg-Vorpommerns erforderlich sein wird. Bis sich sogenannte territoriale Wölfe in ausreichender Zahl niedergelassen haben, braucht es bestimmt ein Jahrzehnt, vielleicht auch weniger. Abhängig ist das von der Rasanz der Zunahme des Wolfsbestandes und seiner Ausbreitung in Deutschland. Die Basis dafür ist in den Bundesländern Brandenburg, Sachsen, Sachsen-Anhalt und Niedersachsen mit weit mehr als 30 Rudeln, die im Jahr 2015 registriert wurden, längst komfortabel. Aber das ist Zukunftsmusik. Für mich persönlich ist es keine hörenswerte, für andere, die dem Kredo „Wald vor Wild“ huldigen, jedoch schon.

Das endgültige Aus der Hirschbrunft an dem zentralen Platz im Bundesforst kam für mich, wie eben geschildert, keineswegs überraschend. Deshalb hatte ich mich neu orientiert und suchte daher seit geraumer Zeit andere Brunftgebiete auf. Trotzdem fuhr ich jeden September ein- oder zweimal bei Tage mit dem Fahrrad in den großen Mischwald, lauschte dem Rauschen der Baumkronen und hoffte auf urige Töne ganz aus der Tiefe des grünen Dunkels.

Im ersten Jahr dieser neuen Variante der Teilhabe an der Hirschbrunft bezog ich als Horchposten eine alte, gestürzte Eiche, von der aus ich eine Wiese einsehen konnte. Die Hoffnung, Anblick auf dem einst stark frequentierten Brunftplatz zu bekommen, trug ich immer noch in mir. Es fiel mir furchtbar schwer, loszulassen. Denn die vielen aufregenden Erlebnisse konnte ich nicht einfach vergessen.

Als die Sonne ganz oben am Himmel stand, hörte ich einen Hirsch rufen. Oder waren es zwei? Mal näher, mal von weiter fort tönten die Rufe im Wind, nicht deutlich, aber unmissverständlich wahrnehmbar. Sie veranlassten mich, von meinem Eichensitz abzubaumen und nachzuschauen. Bereits eine Viertelstunde später war ich am Ort des Geschehens. Ein Hirsch folgte seinen Tieren in einem Schutzgatter, das man vor Jahren für eine Buchenpflanzung errichtet hatte. Sie suchten eine Lücke im Drahtzaun. Scheinbar wollte das Leittier mit Rücksicht auf sein Kalb den Zaun nicht im Sprung überwinden. Einige Stellen wären für die erwachsenen Rudelmitglieder geeignet gewesen, da dort der Draht

Der zu starke jagdliche Eingriff bei den Zuwachsträgern zerstört soziale Strukturen und mindert das genetische Potenzial.

Im Gatter „gefangen“

ziemlich locker durchhing. Nach der dritten oder vierten „Runde“ in dem Gatter fand das Leittier eine geeignete Stelle. Durch die unverbaute Vertiefung eines trockenen Grabens gelangte es mit dem Kalb und den anderen Tieren nach draußen. Für den Hirsch aber war die Öffnung, das „Tor zur Freiheit“, zu klein. Sein weit ausladendes Geweih passte da nicht durch. Er bemerkte das Malheur natürlich sofort. Anstatt zu den leichter überwindbaren Gatterabschnitten zurückzukehren, wurde der Recke richtig wütend. Er schlug mit der rechten Stange gegen den Draht und röhrte seinen Frust mit unbändiger Wut hinaus in den Wald. Wohlweislich unterließ er es aber, den Zaun intensiver mit seinem Geweih zu bearbeiten. Vielleicht hatte er da schon schlechte Erfahrungen gemacht. Mehrfach kreuzte er am Durchgang des Kahlwildes und tat lautstark seinen Ärger kund. Dabei gelangen mir in dem unübersichtlichen Gelände auch ein paar Fotos. Schließlich besann er sich und stürmte auf und davon, wahrscheinlich hinüber zu den Zaunabschnitten, die er mühelos überfallen konnte.

Ein Jahr später, Mitte September 2013, machte ich mich an einem sonnigen Tag auf, um die Heide wieder zu besuchen. Den Morgen verbrachte ich in dem großen Niedermoor an der Ostseeküste und erlebte dort eine tolle Brunft.

Nun wollte ich mich zur Mittagszeit von den Wirkungen der überaus intensiven Jagd auf das Rotwild in dem artenreich bestockten Bundesforst überzeugen. Dabei schwingt

Jagdliche Einrichtungen und Zäune sind den Hirschen in unseren Kulturwäldern vertraut. (Foto: Christian Hubatsch)

Die Rufe des Hirsches sind wie Signale im fast rotwildleeren Wald – Signale fürs Kahlwild!

ja auch immer ein Fünkchen Hoffnung mit. Unter Umständen ist etwas Kahlwild von irgendwoher zum Brunftplatz gewechselt und bringt die vielleicht noch anwesenden Geweihten in Stimmung? Meine Erwartungen waren allerdings eher gedämpfter Natur. Das hat den Vorteil, dass die Enttäuschung bei fehlendem Anblick dann auch nicht allzu groß ist. Als ich auf einem Damm, der zu beiden Seiten guten Einblick in den Bruch bot, entlangpirschte, bestätigten sich meine Befürchtungen. Kein Ton ließ mich aufhorchen, keine Bewegung erregte meine Aufmerksamkeit, so als gebe es die „hohe Zeit" gar nicht. Die urwüchsige Landschaft, wie für die Hirschbrunft gemacht, präsentierte sich im Lichtspiel der Sonne in den prächtigsten Farben. Der Windhauch vom Westen strich sanft durchs Schilf, ließ es flüstern. In den Kronen der Erlen und Eichen spürte man davon kaum etwas. Als ich für einen Moment meinen Schritt anhielt, glaubte ich einen Hirschruf zu hören, unwirklich weit fort, nur zu erahnen. Eine Täuschung? Ich wartete vergeblich auf ein Dacapo. Erst als ich Minuten später den Damm hinunterstieg und in eine von Buchen gesäumte Schneise einbog, hörte ich wieder den fernen Ruf. Diesmal wahrnehmbar, viel deutlicher als beim ersten Mal. Also doch! Tief in der Heide im Südwesten musste der Hirsch stehen. War das eine Chance? Wer nicht wagt, der nicht gewinnt! Ohne Eile pirschte ich aus dem Bruch, schräg gegen den Wind, hinüber zum Rufer. Zum Glück passte die Richtung der Schneise für den ersten Kilometer. Dann hörte ich ihn abermals, wie mir schien, keinen Deut näher. Nun ging es langsam vorwärts, durch einen Buchenwald mit viel Morast, weiter durch Eichenstangen, entlang an Fichtenhölzern und wieder hinein in einen Buchenwald. Der Hirsch schwieg. In der Hoffnung, dass er sich noch einmal melden würde, blieb ich in den Buchen, setzte mich an einem kleinen Hang auf einen gestürzten Stamm und packte meine Brote aus. Eine Fortsetzung der Pirsch ins Ungewisse machte keinen Sinn. Die Mahlzeit sollte die Zeit bis dahin überbrücken, wenn es ein „bis dahin" überhaupt gab. Die Brote waren längst verspeist, aber der Hirsch meldete nicht mehr. Vielleicht ruhte er irgendwo im Schatten der Bäume und dachte gar nicht daran, Laut zu geben. Eine halbe Stunde später stand mein Entschluss fest: zurück zum Bruch, zu meinem Fahrrad, das ich an dessen Ostseite abgestellt hatte. Als ich mich erhob, geschah das Unglaubliche.

Hinter dem kleinen Hang, über den ich hinweg sah, bemerkte ich eine Bewegung. Eine schwankende Geweihkrone! Im Halbdunkel unter den Buchen ruhte der Hirsch. Fast eine Stunde hatten wir beide gar nicht weit voneinander entfernt gesessen, ohne etwas voneinander zu ahnen. Es dauerte ewig, bis ich eine Position einnehmen konnte, die es ermöglichte, Fotos zu machen. Das Licht reichte kaum, trotz hoher ISO-Werte und langer Auslösezeit. Was mir das Teleobjektiv heranzoomte, beeindruckte außerordentlich. Was für ein Geweih, was für ein Hirsch!

Es verstrich noch einmal fast eine halbe Stunde, dann begann der Recke im Liegen zu schreien. Als er sich schließlich erhob, ging alles fürchterlich schnell. Er zog aus den Buchen auf ein Gestell, das alte Birken säumten und näherte sich mir wild röhrend. Das konnte nicht gut gehen. Als hätte er meine Gedanken erraten, schwenkte der Hirsch plötzlich nach rechts und zog keine 30 Meter vor mir zu einer tiefer gelegenen Waldlichtung. Hier passte nun alles – Licht und Sicht! Er hielt sich nicht auf, querte schreiend die Blöße und tauchte auf der anderen Seite wieder in das Halbdunkel des Waldes. Kein Tier weit und breit, geschweige denn ein Harem, der einem solchen Recken gebührt hätte! Vielleicht machte er deshalb so einen Lärm, um der Weiblichkeit zu signalisieren: Hier bin ich, kommt her zu mir! Zu gönnen wäre es ihm. Während meines langen Weges zum Hirsch und wieder zurück zu meinem Fahrrad begegnete mir kein einziges Stück Rotwild. Das wäre vor drei Jahren noch völlig undenkbar gewesen.

Das lebende Wild ist vor dem Gesetz herrenlos. Es ist Allgemeingut. Mit Allgemeingut, das ist meine Ansicht, sollte man verantwortungsbewusst umgehen. Die rigorose Absenkung des Rotwildbestandes zeugt nicht davon, sondern viel mehr vom fehlenden Respekt gegenüber der Kreatur. Hier kann man auch beim besten Willen nicht von den sogenannten „schwarzen Schafen" sprechen, die ihr Unwesen treiben. Das jagdliche Tun der Freizeitjäger und Förster lässt die Achtung vor dem Wild in jeder Hinsicht vermissen. Die einen machen sich zu Erfüllungsgehilfen der neuen Waldbaustrategie, die anderen setzen sie verantwortlich durch. Das hat System, ist politisch gewollt und wurde langfristig vorbereitet. Dazu gehören auch solche Dinge wie die Verteufelung des Strebens nach starken Trophäen. Die geforderte Abkehr von der Trophäe oder dem kombinierten Altersklassen- und Güteklassenabschuss als angeblich untaugliches Relikt einer vergangenen Epoche soll Hemmschwellen abbauen, die dem brachialen Zusammenschießen des Rotwildes entgegenstehen. Walderneuerung und Waldumbau heißen die Schlagworte, heißt die Marschrichtung, der alles unterzuordnen ist.

Das Wild bleibt dabei auf der Strecke, im wahrsten Sinne des Wortes. Das Adjektiv maßvoll scheint aus dem Denk- und Wortschatz gestrichen. Ganz unbedarft muss ich fragen, ob es denn schon schlüssig ist, dass die bedingungslose Hinwendung zum naturnahen Wald in hundertfünfzig Jahren noch genauso positiv gesehen wird? Unter Umstän-

Jagddruck und Wolfspräsenz machen es dem Rotwild schwer.

den entspricht die Baumartenzusammensetzung gar nicht den zukünftigen Erfordernissen. Denken wir dabei nur an die zukünftigen Auswirkungen des Klimawandels, die wir nur vage, wenn überhaupt, einschätzen können. Vielleicht halten die Kronen der Laubbäume dem dauerhaften Druck vieler Stürme und Unwetter gar nicht stand und es wird unmöglich, dass eine ausreichende Zahl von ihnen die Hiebreife erlangt? Und vielleicht ist es in 100 oder 150 Jahren – wahrscheinlich schon eher – gar nicht mehr möglich, einen erheblichen Teil des Holzbedarfs Deutschlands aus dem Aufkommen anderer Länder und Kontinente zu bestreiten? Eventuell heißt in den kommenden Jahrhunderten die Devise: vollständige Nutzung der eigenen Ressourcen?! Die Forstwirte und andere haben sich doch schon einmal geirrt, als sie die Monokulturen im 19. Jahrhundert gründeten. So verkünden es zumindest die, die heute das Sagen haben. Ob damals der Holzbedarf im aufstrebenden Deutschland mit einer naturnahen Waldwirtschaft hätte gedeckt werden können, steht allerdings in den Sternen.

Das Rotwild lebt vorwiegend gesellig in Rudeln, von Ausnahmen abgesehen. Das ist stammesgeschichtlich programmiert, da es ursprünglich offene Landschaften bewohnte. Das Rudel gibt Sicherheit. So ist es nahezu unmöglich, sich solchen Verbänden im freien Feld unbemerkt zu nähern. Erst der Mensch, der die Naturlandschaften in Kulturlandschaften wandelte, drängte das Rotwild in die Wälder zurück. Es hat sein Verhalten an den neuen Lebensraum angepasst, aber die sozialen Bindungen, die eine Gemeinschaft bietet, nicht aufgegeben. Während die Hirschrudel eher lose Trupps sind, in denen die Herkunft keine Rolle spielt, handelt es sich beim Kahlwild vorwiegend um Familienverbände. Das Rotwild rudelt oder herdet sich auch verstärkt in Notsituationen, bei hohem Jagddruck, großer Wolfspräsenz oder winterlichen Extremsituationen. Kurzum, das Rotwild bevorzugt die Gemeinschaft, fühlt sich in ihr wohl und sicher. Das rigorose Zusammenschießen seiner Population zerstört diese Gemeinschaften, zerstört die Familien. Je nachdem, wie viele überleben, können sich diese sozialen Strukturen auf niedrigem Niveau regenerieren oder sie sind nicht mehr reparabel. Letzteres bedeutet in der Regel, dass die wenigen verbliebenen Stücke abwandern, um sich anderswo in noch intakte Rotwildgemeinschaften zu integrieren. Das rotwildfreie Territorium wird

Der Ruf des Rothirsches zählt zu den beeindruckendsten Lautäußerungen unserer Tierwelt. Platzhirsch, Brunft 2014.

Ziel im Landesforst: rigorose Reduzierung der Zuwachsträger

dann nur ab und an von Wechselwild frequentiert. Dass damit natürlich genetisches Potenzial vernichtet wird (und das bei flächendeckender Umsetzung der Vernichtungsstrategie in Größenordungen), sollte in diesem Zusammenhang nicht unter den Tisch gekehrt werden. Äußerliches und besonders auffälliges Zeichen des genetisches Potenzials ist unter anderem der Variantenreichtum der Geweihbildung unserer Hirsche. Wildbiologisch ist er nach offizieller Lesart unwichtig, wie überhaupt die Form und Stärke des ganzen Konstrukts, das die Cerviden auf dem Haupte tragen. Dem jagdlichen Vandalismus wird das Wort geredet, nur mit dem einen Ziel: Das Schalenwild muss weg!

Augenmaß, Anstand und Respekt gegenüber unserem größten Wildtier scheinen längst verloren, wenn ich in die herrlichen Wälder an der Küste schaue, die dieser Willkür in nahezu vollendeter Weise ausgesetzt sind. Zum Glück sind diese Zustände (besser gesagt Missstände) bisher auf die Bundes- und Landesforste beschränkt. Private Pachtjagden sind davon ausgenommen und bilden die Rückzugsgebiete für das Rotwild.

Es ist Nostalgie, sehnsuchtsvolle Erinnerung, wenn ich jedes Jahr im Herbst ein- oder zweimal die Wälder aufsuche, in denen die einstige Hauptwildart, das Rotwild, lediglich eine Nebenrolle spielt, sein Anblick eher Zufall ist. Während der Brunftzeit hilft das Lebensgefühl, das die Geweihten laut hinausschreien und das mich zu ihnen führt. Es ist nur noch ganz selten zu hören und bei schlechtem Wetter überhaupt nicht mehr.

Im September 2014 passte das Wetter, als ich mich aufmachte, um in den großen Wald hineinzulauschen. Ferne Rufe gaben mir die Hoffnung, wieder einen Recken erfolgreich angehen zu können, so wie im Vorjahr, als ich einen mit prächtigem Geweih beobachten konnte. Der Marsch durch den wilden Forst war ähnlich lang. Diesmal erwischte ich einen Platzhirsch mit zwei Tieren und einem Kalb. Im hohen Farn, am Rande eines Schutzgatters, erwartete mich ein Tohuwabohu, das dem Brunftgeschehen gut besetzter Reviere glich. Eine Stunde lang schrien der Haupthirsch und zwei Nebenbuhler gegeneinander an. Den Platzherren konnte ich fotografieren, seine Rivalen nicht. Einer zeigte mir sein Geweih, ein Wischer aus dem Farn – mit unglaublicher Endenzahl!

Die interessanteste Beobachtung gelang mir im September 2015. Wieder hörte ich in der Ferne die Rufe eines Hirsches. Später schrie noch einer. Aber da war ich schon auf halbem Wege. An diesem Vormittag herrschten gute Lichtverhältnisse, sodass ich davon ausgehen konnte, selbst im Buchenwald noch vernünftige Fotos auf die Speicherkarte zu bekommen.

Vorausgesetzt alles klappte. Die Pirsch kostete mehr Kraft, da ich des Öfteren unwegsames Gelände und Senken größerer Ausdehnung, dicht bestanden mit Adlerfarn, durchqueren musste. Mal klangen die Hirschrufe deutlich zu mir herüber, dann wieder kaum hörbar. Das hing davon ab in welche Richtung der oder die Geweihten gerade schrien. Von mir abgewandt nach Süden oder mir entgegen. Der Wind machte die Orientierung nicht einfacher, zumal er ab und zu deutlich auffrischte. Ein paar Korrekturen meines Pirschweges wurden nötig. Dabei traf ich auf Schwarzkittel, die bei ihrer Futtersuche den Waldboden ordentlich durchpflügten. Natürlich ließ ich es mir nicht nehmen, sie zu fotografieren. So häufig und so vertraut wie einst sind die Sauen hier in dem großen Küstenwald längst nicht mehr. Deshalb wäre es töricht, auf eine solche Chance einfach zu verzichten.

Dass sich das Schwarzwild inzwischen ziemlich rar gemacht hat, liegt an der starken Bejagung im Winter 2014/2015. Da gelang eine sicher notwendige, starke Reduzierung des Bestandes, die die überlebenden „Schwarzen" keineswegs vergessen haben. Dementsprechend sind sie weitaus scheuer geworden, bewegen sich mit großer Vorsicht im Gelände und meiden bei Tage Flächen mit geringer Deckung. Während ich die Sauen beobachtete, bemerkte ich ein Stück weit hinter ihnen ein ganz helles Tier, das gleich wieder im Gelände abtauchte. Von der Färbung her vermutete ich Damwild. Anpirschen konnte ich mich nicht, da die Rotte nur ganz langsam weiterzog. Ehrlich gesagt war ich auch nicht sonderlich interessiert daran, das vermeintliche Damtier anzugehen. Das sollte sich jedoch Augenblicke später schlagartig ändern. Denn nun kam das Stück besser frei. Das war kein Damtier. Das war ein Reh – ein weißes Reh!

So einen Anblick habe ich bisher nur ein einziges Mal gehabt. Das ist ewig her, fast 30 Jahre. Damals, in dem Niederlausitzer Feldrevier, habe ich viele Wochen gebraucht, um eine weiße Ricke abzulichten. Sie hat alle Sinne beisammen gehabt, stets auf Deckung geachtet und nur abends ihren Einstand verlassen, eine große Remise mitten im Feld. Oder sie ist schon weit draußen auf den bestellten Schlägen gestanden, wenn ich bei Tage das Revier aufgesucht habe. Erst im Hochsommer ist mir dann endlich ein gutes Bild gelungen. Die Ricke ist ein bemerkenswerter Fall von Farbanomalie gewesen. Sie ist von einer normal gefärbten Mutter gesetzt worden, und zwar mit völlig weißem Deckhaar an allen Körperteilen. Trotzdem ist das Stück, und das ist die Besonderheit, kein Albino gewesen. Bekanntlich sind Albinos nicht nur durch weißes Haar gekennzeichnet, sondern haben auch einen rosa gefärbten Nasenspiegel, helle Schalen und rote Lichter.

Sauen auf dem Wechsel. Starker Jagddruck macht sie heimlich.

Eine sehr seltene Farbanomalie

Solche Tiere sind mehr oder weniger tagblind, da die pigmentlose Regenbogenhaut des Auges den Lichteinfall durch Vergrößerung oder Verkleinerung der Pupille nicht reguliert. Sie erscheinen einem deshalb bei der Feldbeobachtung aufgrund ihres eingeschränkten Sehvermögens sehr vertraut. Die weiße Ricke von damals hat einen schwarzen Nasenspiegel, dunkle Lichter und dunkle Schalen gehabt. Ihr Sehvermögen ist intakt gewesen. Das habe ich bei meinen Beobachtungen gesehen. Die Ricke ist von den Böcken des Reviers akzeptiert worden, denn zur Brunftzeit haben sie ihr nachgesetzt, genau wie den anderen Rehwildschönen. In den Wintermonaten hat sich der Weißling immer zu einem größeren Sprung gesellt. Keines der Rehe dieser Gemeinschaft hat Anstoß an der außergewöhnlichen Färbung ihres Artgenossen genommen. Nur dreieinhalb Jahre alt ist die weiße Ricke geworden. Sie ist verludert. An einem grauen Novembertag hat ein Landwirt das, was die Krähen und Füchse von ihr übriggelassen haben, gefunden.

Jetzt, fast 30 Jahre später, bot sich für mich die einmalige Chance, wieder ein weißes Reh zu fotografieren, und das augenscheinlich ohne besonders großen Aufwand. Die Schwarzkittel gerieten zur Nebensache, wurden aber auch zum „Zünglein an der Waage", denn sie verurteilten mich durch ihre Anwesenheit vorerst zur Untätigkeit und verhinderten außerdem, dass sich der Weißling direkt nähern konnte. Rehwild geht den Schwarzen nämlich lieber aus dem Weg. Aber an diesem Hirschbrunfttag hatte ich das Glück scheinbar gepachtet. Die Rotte stand zwar immer noch im Gebräch und machte sich nur zögerlich davon, doch das reichte für einige vorsichtige Gänge seitwärts. Der Abstand, den ich zu den Sauen herstellte, brachte mich dem weißen Reh näher. Denn das zog mir zwar nicht entgegen, aber die Richtung passte – weit genug von den Schwarzkitteln entfernt und nah genug für mein Teleobjektiv. Alsbald stellte ich fest, dass es sich in diesem Fall, genau wie damals, wiederum nicht um einen Albino handelte. Dunkle Lichter, dunkler Nasenspiegel, dunkle Schalen – der Gendefekt war nicht komplett. Das Haar jedoch besaß so gut wie keine Farbpigmente, vielleicht mal abgesehen von dem schwachgelben „Hauch" am Träger und Rücken. Solche Tiere gehören zu den absoluten Seltenheiten.

Beim Rotwild kennen wir ebenfalls den auf Pigmentmangel beruhenden teilweisen oder völligen Albinismus Es gibt aber auch reinweiße Farbvarietäten. Weniger auf-

Verwaschen gefleckte Decke bei einem Junghirsch

fällig, aber immer noch sehr deutlich ist die Fellzeichnung des sogenannten Bless-Edelwildes. Die Decke ist auf der Stirn weiß, wobei die Größe der Verfärbung im Bereich des Hauptes sehr unterschiedlich sein kann. Sehr ausgeprägt sind die Blessen beim Rotwild, das im Wildpark Eekholt in Schleswig-Holstein lebt. W. Schulte hat in seinem Buch „Hirschjagd Teil II“ darüber ausführlich berichtet. In der freien Wildbahn erscheinen die Bless-Zeichnungen beim Rotwild in der Regel nicht so intensiv. Kaum bekannt ist schwarzes Rotwild. Beim Rehwild hingegen existieren nennenswerte Bestände im Nordwesten Deutschlands.

Eine ganz andere farbliche Abweichung von der Normalität ist die Fleckung der Decke des Rotwildes, ähnlich den Kälberflecken. Sie ist nicht häufig, aber weitverbreitet und tritt unabhängig vom Alter des Wildes auf. Frühe Untersuchungen aus der Rochauer Heide (und dort speziell im damaligen Rotwildforschungsgebiet Hohenbucko) haben ergeben, dass im Zeitraum 1956 bis 1960 ungefähr 12 % der erlegten Hirsche und knapp 14 % der erlegten Rottiere eine Fleckung aufwiesen. Dabei war die Fleckung beim Sommerhaar wesentlich häufiger als beim Winterhaar festzustellen. Das Foto links oben, das einen jungen Hirsch mit Fleckung zeigt, stammt aus der Rochauer Heide. Wildbiologen führen diese rudimentäre Fleckung auf die Verwandtschaft unseres Rotwildes mit den Hirschen des asiatischen Raumes zurück. Von Osten nach Westen nimmt die Intensität und Häufigkeit der Fleckung ab. Mitunter sind die Flecken so verwaschen, dass man sie während der Feldbeobachtung gar nicht bemerkt.

Beim Schwarzwild sind farbliche Abweichungen im Deckhaar am häufigsten. Gescheckte Sauen kommen in Deutschland flächendeckend vor. Die Flecken sind meist schwarzbraun oder schwarz. Das Haarkleid der Tiere variiert dabei von normal gefärbt bis cremfarben oder sogar weiß. Auf den Fotos sind unterschiedliche Farbvarianten

Weißer Rothirsch in der freien Wildbahn, Reinhardswald in Hessen. (Foto: Christian Hubatsch)

Gescheckte Sauen

zu sehen. Der Frischling oben im Bild hat ein weißes Haarkleid mit schwarzen Flecken, sein Geschwisterchen rechts neben ihm ist eher chremfarben und besitzt braune Platten. Der Überläufer auf dem Foto darunter ist weniger extrem ausgefärbt. Seine Decke weicht jedoch ebenfalls sehr deutlich von der Normalfärbung ab. Bei einer Population in der Schorfheide waren 6,5 % der untersuchten Sauen gefleckt.

Schwarz-weiß gefärbte Wildschweine sollen polnischen Forschern zufolge gegenüber normal gefärbten Artgenossen eine höhere Sterblichkeitsrate haben. Ursache dafür ist vor allem die schlechtere Wärmeregulation und der daraus folgende höhere Energiebedarf. Bei extremen Witterungsbedingungen sind besonders die Frischlinge betroffen. Die Farbvarianten sind vererbbar. In vergangenen Jahrhunderten wurden Hausschweine vielfach als Weideschweine gehalten, sodass es immer wieder zu Kreuzungen mit Wildschweinen kam. Das ist der Grund für das relativ häufige Vorkommen gescheckter Individuen bei unseren freilebenden Sauen. Ein erfahrener Schwarzwildjäger erzählte mir, dass er bei einigen Beobachtungen erlebt hat, dass die „Weißschecken" ein größeres Sicherheitsbedürfnis haben. Er ist der Meinung, sie wissen, dass sie anders als ihre Artgenossen sind. Meine Begegnungen mit den bunten Schwarzkitteln waren nicht intensiv genug, um das bestätigen zu können, aber zuzutrauen wäre es diesem intelligenten Wild allemal.

Geschecktes Schwarzwild oder von der Normalität abweichenden Farbvarianten beim Reh- und Rotwild sind für mich als Tierfotograf begehrte Motive. Das weiße Reh, das mir an dem Vormittag im September bei meinem langen Gang zu den rufenden Hirschen in Anblick kam, war so ein seltener Glücksfall. Die völlig unerwartete und überraschende Begegnung mit dem zierlichen Weißling hielt mich

allerdings nicht davon ab, mein eigentliches Vorhaben auf dieser Pirsch zu verfolgen.

Das Reh war weitergezogen und die Schwarzkittel inzwischen im Farn verschwunden. Ein erneuter Hirschruf wies mir den Weg, der noch ungefähr eine Viertelstunde dauerte. Endlich stand ich fast dran, denn nun hörte ich das Prasseln und Brechen von Ästen, die einer der Recken mit seinem Geweih bearbeitete. Ich wartete geraume Zeit, um die Lage noch einmal exakt zu sondieren. Aus dem Schatten des Buchenwaldes heraus beobachtete ich das vor mir befindliche Gelände. Die großen Bäume mit der grauen Rinde und dem dichten Blätterdach umschlossen einen Fichtenhorst und einen Birkenhain, vielleicht knapp 100 Meter im Durchmesser. Irgendwo in den Birken oder Fichten musste der Lärmer stehen. Noch weiter fort, wieder in den Buchen, hörte ich plötzlich einen dröhnenden Schrei. Der zweite Hirsch! War Kahlwild in der Nähe, schrie da ein Platz- oder Beihirsch? Handelte es sich gar um zwei Junggesellen? Fragen, die ich nicht beantworten konnte. Diese Ungewissheit ließ mich zögern. Zum Glück! Der Hirsch, der gerade noch mit seinem Geweih in den Ästen wirtschaftete, schrie sich plötzlich regelrecht in Wut, kam aus den Birken und tauchte Sekunden darauf in die Fichten. Aber auch dort blieb er nicht. Er machte einen Schwenk und zog geradeaus in den Buchenwald, genau auf mich zu. Meine Deckung hinter einer Stechpalme war komfortabel, würde mir aber nichts nützen, wenn der Recke auflief. Dazu fehlten glücklicherweise ein paar Meter. Der Ausflug des Hirsches endete zwei Dutzend Schritt vor meinem stachligen Sichtschutz. Er äugte ihn an, schöpfte jedoch keinen Verdacht. So sind sie eben, die Brunfthirsche. Der Recke besaß massige Stangen und einen „Haken", der aus der linken Rose wuchs.

Von drüben, aus den Buchen, schrie der Konkurrent, drohend und laut. Der Hirsch vor mir röhrte seinen Frust hinüber, genauso wutentbrannt und dröhnend. Wenn man so nah dran ist, klingt das urgewaltig, versetzt einen augen-

Der erste Rivale zieht aus dem Bestand.

Urgewaltig schreit der Hirsch vor meiner spärlichen Deckung, einer Stechpalme.

blicklich in eine andere Welt, die so fernab von der Wirklichkeit scheint, wie ein Abenteuer in menschenleerer Wildnis. Dabei ist die Zivilisation nicht einmal fünf Kilometer entfernt. Der Hirsch machte kehrt und entfernte sich schnell.

Er war auf „Krawall gebürstet" und scheinbar wild entschlossen, sich dem anderen zu stellen. Vom Alter her schätzte ich ihn über zwölf Jahre. Die Rosen seines unregelmäßigen Geweihs standen „tief im Schädel" und der Widerrist zeichnete sich deutlich ab. Sein Haupt verstärkte bei mir den Eindruck, dass ich es hier eher mit einer „Ramsnase" zu tun hatte als mit einem angehenden reifen Hirsch. Trotzdem glaubte ich nicht, dass es sich um den Platzhirsch handelte. Er war mir einfach zu hektisch und zu aggressiv unterwegs.

Meine Gedanken zu dem Geweihten wurden jäh unterbrochen. Ein Geräusch, das umstürzenden Leitern eines Baugerüstes glich, durchdringend und laut, ließ mich aufhorchen. Die Hirsche kämpften. Krachend fuhren immer wieder ihre Geweihe ineinander, und ich versuchte im Buchenschatten näher an die Kämpen zu kommen. Das dauerte, da ich trotzdem Vorsicht walten ließ, weil ich nicht wusste, ob sich vielleicht irgendwo Kahlwild aufhielt. Wie das oft so ist, verpasste ich die Auseinandersetzung. Die Entscheidung war scheinbar gefallen, und der Verlierer, die vermeintliche „Ramsnase", machte vor mir in den Buchen seiner Enttäuschung Luft. Wutentbrannt schrie er in den späten Vormittag.

Nun sah ich auch den Sieger, der mit dröhnendem Bass seine Dominanz bekräftigte. Und ich entdeckte gar nicht weit von ihm Kahlwild – ein Rottier mit seinem Kalb! Völlig unerwartet zogen die beiden plötzlich ab, und zwar ziemlich flott. Sekunden später folgte der Platzhirsch, dessen langstangiges Geweih ich in der Kürze der Zeit nicht einmal genauer in Augenschein nehmen konnte. So ein Pech! War es meine Schuld? War es mein Fehler? Da nützte kein Grübeln, aus und vorbei! Nebenbuhler, Haupthirsch und Kahlwild hatten die „Bühne" verlassen, und ich hockte mich enttäuscht hin und schaute mir die bisher gemachten Fotos auf dem Display meiner Kamera an. Ich konnte zufrieden sein. Der alte Haudegen posierte auf den Bildern wie gewünscht.

Ein Ast brach, so nah, dass ich unwillkürlich zusammenfuhr. Im nächsten Moment erstarrte ich in meiner hockenden Stellung. Keine 50 Meter entfernt stand der Platzhirsch mit gesenktem Haupt, vollkommen frei. Regloses Warten war meine einzige Chance. Selbst als der Hirsch einen gewaltigen Schrei zu mir herüberschickte, hielt ich aus. Dann setzte er sich in Bewegung, schräg auf mich zu. Als er für Sekunden hinter einem mächtigen Buchenstamm verschwand, brachte ich mich blitzschnell in Stellung und drehte gleichzeitig den Zoom des Teleobjektivs zurück. Vielleicht stimmte die Brennweite? Als er wieder hinter der Buche auftauchte, zeigte meine neue Nikon D7200, was sie drauf hat. Jedes Bild der Serie, sechs in der Sekunde, saß scharf auf dem Haupt des Hirsches, und das trotz der langen Belichtungszeit. Nur den Zoom konnte ich nicht mehr justieren, sodass der Recke nach wenigen Metern nicht mehr ganz auf die Fotos passte. Die zusammengekrümmte Gestalt am Boden interessierte ihn überhaupt nicht. Er äugte einfach an mir vorbei. Am linken Lauscher und an der rechten Hinterkeule war er etwas lädiert. Vielleicht die Folgen des Kampfes von vorhin? Weiter fort, scheinbar auf seinem Brunftplatz, begann er zu schreien. Dabei drehte er eine Runde und zog dann raus aus dem Buchenwald, hinüber zu den Birken und Fichten. Dort verlor ich ihn aus den Augen.

Der Platzhirsch rückt „hautnah" auf.

Die rechte Abwurfstange des Platzhirsches vom Frühjahr 2015, Jahrgang 2014. Sie ist 110 cm lang und 3,6 kg schwer. Es handelt sich um eine Stange, die im Silbermedaillenbereich liegt. Die 2015 geschobene Stange an der rechten Geweihseite scheint ähnlich stark, aber mit schwächerem Eisspross.

Dass Hirsche wieder zu ihrem Brunftplatz zurückkehren, obwohl das Kahlwild ihn verlassen hat, erlebte ich nicht zum ersten Mal. Das kommt öfter vor. Nur gerechnet hatte ich in diesem Fall nicht damit. Als ich mir die Bilder vergrößert zu Hause auf dem Laptop anschaute, stellte ich zu meiner Überraschung fest, dass ich von diesem Geweihten eine Abwurfstange aus dem Frühjahr besaß. Er ist also einer von den wenigen heimischen Hirschen, kein zugewanderter. Diese Tatsache folgt der logischen Konsequenz, dass der

Der Abwurf vom Februar 2016, Jahrgang 2015, beeindruckt durch seine Farbe und seine Masse im unteren Bereich. Die starken Rosen sind ein weiteres Indiz dafür, dass es sich um einen älteren Hirsch handelt, vermutlich 12 Jahre alt oder älter.

nahezu rotwildleere Wald für Zuwanderer kaum Chancen auf eine erfolgreiche Hochzeit bietet.

Und auch der Verlierer des Duells der einsamen Recken war ein Einheimischer, denn im Februar 2016 wurden seine Abwurfstangen gar nicht weit entfernt vom herbstlichen Kampfplatz gefunden. Dass es sich um einen älteren Hirsch handelt, zeigen nicht nur die Fotos vom Geweihten, sondern auch der Abwurf. Jede der Stangen wiegt weit mehr als drei Kilogramm. Sie sind ganz dunkel ausgefärbt und besitzen an der Basis enorme Umfänge. Insbesondere die linke Seite des Geweihes mit dem aus der Rose gewachsenen Haken beeindruckt durch ihre Masse im unteren Bereich. Der alte Hirsch hat sich erfolgreich durchgemogelt, entging bisher allen Nachstellungen, entging den Bestrebungen seiner einträglichen kommerziellen Vermarktung, die der außergewöhnliche Hauptschmuck zweifellos versprach.

Der Kommerz prägt nun mal das Revierjagdsystem. Alles muss finanziert werden, seien es die Wildschäden, die Pacht, hegerische Aufwendungen und die Reviererein-

Der alte Beihirsch – oder zollen wir ihm Respekt: der urige Rivale

Geld regiert die Welt. Auch in unseren Wäldern führt der schnöde Mammon Regie.

richtungen. Das ist kostspielig. Ein zu hoher Wildbestand wird noch kostspieliger, sodass dem Ausufern der Wildbestände vom Grundsatz her finanzielle Grenzen gesetzt sind. Die Entwicklung in den Jahren nach der Einführung des Bundesjagdgesetzes in Ostdeutschland bestätigt diesen Mechanismus. In allen neuen Bundesländern sind die Schalenwildbestände gesunken, abgesehen von einigen Ausnahmen, insbesondere beim Schwarzwild. Der Einfluss der sich weiter ausbreitenden Wölfe wird diese Entwicklung, so wie gewollt, fortsetzen. Die von den Forstverwaltungen in vielen Bundesländern angestrebte Walderneuerung braucht für ihre kostensparende Verwirklichung Wilddichten, die in des Wortes ursprünglicher Bedeutung keine mehr sind. „Wilddünne“ wäre besser formuliert. Hier scheiden sich die Geister in schier endlosem Streit. Es ist ein Streit ums Geld, denn Naturverjüngung und Waldbau ohne Schutzmaßnahmen ist die preiswerteste Alternative. Das Kredo „Wald und Wild als Einheit“ ist Geschichte, „Wald vor Wild“, „Schaffung wildfreier Räume“, sprich punktuelle Ausrottung, sind die Schlagworte im Aufeinanderprallen der Meinungen. Der Verlierer ist das Wild, als schwächstes Glied in diesem

Zwiespalt. Die Jägerschaft sieht sich diesem Widerstreit ausgesetzt, ohne wirklich Einfluss nehmen zu können. Nicht nur Förster und Waldbauern, auch Jagdgegner aus besonders extrem orientierten Bevölkerungskreisen mischen mit. Die einen fordern den verstärkten jagdlichen Einsatz fast bis zum Exitus der Wildtierpopulationen, die anderen hingegen die gänzliche Abschaffung des Weidwerks. Der Bruch zwischen den Streitparteien sitzt tief, sodass er kaum reparabel scheint. Die Jäger, oftmals zu Erfüllungsgehilfen der Forst- und Landwirtschaft degradiert, bringen in diesem Kampf keinen Schulterschluss zustande. Jagdliche Ambitionen, Wünsche und Erwartungen klaffen zu weit auseinander. Diese Situation, die nicht im Gleichgewicht ist, garantiert kurzfristig gesehen trotzdem vielerorts den Fortbestand der Wildtierpopulationen in einer aus meiner Sicht akzeptablen Größenordnung. Denn keiner der rivalisierenden Seiten gelingt es gegenwärtig, all ihre Vorstellungen umzusetzen.

Ganz bewusst nutzte ich diese Zeit, denn sie bietet bis zum heutigen Tag die Naturerlebnisse, die ich um nichts auf der Welt missen möchte. Wenn ich auch bereits viele Reviere aufgegeben habe, da ihre Einstände verwaist sind, so konnte ich mir bisher stets neue, nahezu intakte Wildlebensräume erschließen. Oder es ist mir gelungen, wie im letzten Kapitel des Buches beschrieben, in diesen verlorenen Wäldern zur Hirschbrunft den „Hauch von Gestern" einzufangen! In den Texten und Bildern, so hoffe ich, wird die Faszination und die Atmosphäre des Geschehens in der Wildbahn deutlich. Meine Begeisterung dafür ist ungebrochen und zugleich mein Antrieb, um mir diese Leidenschaft für immer zu bewahren.

Der Mensch lässt beim Streit um seine Interessen mitunter die Fairness vermissen. Auch die Hirsche streiten, halten sich jedoch an Regeln und Rituale. Wie auf dem Bild links zu sehen ist, setzt der Spießer seine Spieße nicht ein.